ESSAI ET EXPÉRIENCES

SUR

LE TIRAGE DES VOITURES,

ET

SUR LE FROTTEMENT DE SECONDE ESPÈCE.

ESSAI

ET

EXPÉRIENCES

SUR LE

TIRAGE DES VOITURES,

ET SUR LE FROTTEMENT DE SECONDE ESPÈCE,

SUIVIS

DE CONSIDÉRATIONS SUR LES DIVERSES ESPÈCES DE ROUTES, LA POLICE DU ROULAGE ET LA CONSTRUCTION DES ROUES.

PAR M. J. DUPUIT,

ANCIEN ÉLÈVE DE L'ÉCOLE POLYTECHNIQUE, INGÉNIEUR DES PONTS ET CHAUSSÉES.

PARIS,

CARILIAN-GŒURY,

LIBRAIRE DES PONTS ET CHAUSSÉES ET DES MINES;

Quai des Augustins, 41.

1837.

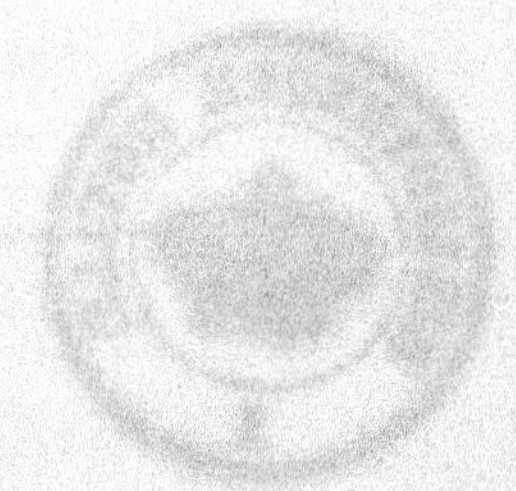

AU MANS, IMPRIMERIE DE CH. RICHELET, RUE DE LA PAILLE, 7.

TABLE
DES MATIÈRES.

SURFACES MOLLES, IRRÉGULIÈRES, RABOTEUSES.

(Terrains sablonneux, chaussées rouagées.)

SURFACES DURES ET UNIES,

(fer, bois, etc.)

APPLICATION

A DES QUESTIONS PARTICULIÈRES.

FIN DE LA TABLE DES MATIÈRES.

ERRATA.

Pages	lignes	au lieu de	lisez :
23	4 du tableau	004,37	0,0437.
23	11	Prenous	Prenons.
39	3 par en bas	à cette allure	au trot.
59	dernière	le sens s	le sens des
80	première	Mr,	Mr'
120	dernière	plus fort que les	plus fort que dans les.

ESSAI

SUR LE TIRAGE DES VOITURES

ET

SUR LE FROTTEMENT DE SECONDE ESPÈCE.

L'étude de quelques questions relatives à la police du roulage nous ayant conduit à faire des recherches sur le tirage des voitures, dans les ouvrages qui se sont occupés de ce sujet, nous avons été étonné de n'y trouver que des théories très-incertaines, que des expériences peu nombreuses et souvent contradictoires. Les citations que nous aurons souvent occasion de faire prouveront que, sur un sujet aussi important, on n'est pas plus d'accord sur les faits que sur les principes, et que les questions les plus simples sont diversement résolues dans les ouvrages les plus estimés. Cependant, comment prescrire à l'industrie du roulage telle ou telle disposition, si on ne sait pas l'influence qu'elle peut avoir sur le tirage des voitures? — Comment se décider en faveur de telle ou telle voie de communication, si on ne connaît pas la force nécessaire pour tirer un poids sur chacune d'elles, et ce choix une fois fait, quel tracé, quelle chaussée, quelle espèce de voiture doit-on préférer pour rendre le tirage le plus petit possible? — Il n'y a donc peut-être pas d'exagération à dire que la théorie du tirage des voitures touche à toutes les questions que l'art de l'Ingénieur des Ponts-et-Chaussées est appelé à résoudre, car toutes ces questions se résument toujours par celle-ci : Établir entre deux points donnés le transport le plus économique.

Pénétré de l'importance de cette théorie, nous avons entrepris une série d'expériences destinées à faire ressortir une à une toutes les circonstances qui pouvaient modifier le tirage et en mesurer rigoureusement l'influence. Nous sommes loin d'avoir embrassé tous les cas, mais nous espérons avoir résolu quelques questions restées jusqu'à présent indécises, et établi quelques principes généraux qu'on ne soupçonnait pas ; ces principes nous ayant paru se rattacher à la théorie du frottement de seconde espèce, nous avons cru devoir généraliser nos résultats par la recherche des lois de cette résistance, et peut-être avons-nous été assez heureux pour en établir quelques-uns d'une manière incontestable. Ces lois, par leur simplicité et par la généralité des corps auxquels elles s'appliquent, peuvent être considérées comme une propriété générale des corps durs, et, à ce titre, trouver place dans la physique, à côté de celles du frottement de première espèce ; elles peuvent du reste recevoir, dans les arts mécaniques, des applications aussi nombreuses et aussi importantes.

Cette série de phénomènes paraît régie par une loi générale que nous établirons en contradiction avec les expériences de Coulomb et avec les formules qu'on avait déduites des diverses hypothèses admises sur la nature de la résistance des surfaces ; loi qui, dans le cas le plus général, peut s'exprimer ainsi : Lorsqu'un corps roule sur un plan, les réactions, perpendiculaires à ce plan des molécules comprimées autour du point de contact, ont une résultante dont l'intensité est égale à la pression du corps sur le plan, et dont la distance au point de contact est proportionnelle à la racine carrée du rayon de courbure de la section du corps qui passe par la direction de la vitesse. Cette loi, dans le mouvement des voitures, se réduit à ce principe simple : que le frottement à la bande est en raison inverse de la racine carrée du rayon des roues.

Si on n'a pas égard à cette propriété essentielle que nous croyons avoir été le premier à établir, on ne peut trouver dans les expériences relatives à cette espèce de frottement que des résultats insignifians et souvent contradictoires ; c'est ce qui ressortira de l'examen que nous ferons de ceux qui sont les plus connus et les plus employés. Pour obtenir des chiffres comparables, pour apprécier la résistance absolue des diverses surfaces à la progression, il faut ramener les résultats, d'après le principe que nous venons d'énoncer, à une commune mesure. Ne pas tenir compte dans ces expériences des dimensions des roues et de celles des corps roulants en général, n'est pas moins inexact que le serait de comparer la rigidité de divers métaux sur des barres de sections différentes.

Après avoir établi les propriétés de cette résistance et démontré qu'elle n'était que la composante normale des réactions moléculaires, dont le frottement ordinaire est la composante tangentielle ; après avoir déterminé la direction, l'intensité et le point d'application de ces deux forces nouvelles, et résolu ainsi le problème de la rotation d'un corps élastique sur un plan, nous avons considéré quelques cas particuliers de ce mouvement, pour une sphère ou pour un cylindre, et enfin pour une voiture, et nous nous sommes attaché à faire voir le rôle différent que jouaient ces deux forces suivant l'intensité, la position ou la direction du moteur.

Nous aurions voulu présenter une théorie complète du tirage des voitures et du frottement de seconde espèce, mais on verra, par les lacunes que nous signalerons nous-même, que nous sommes resté loin du but que nous nous proposions d'atteindre. Si nous donnons de la publicité à notre travail, c'est que nous avons pensé qu'il pourrait présenter quelqu'intérêt par l'importance et la nouveauté du sujet, et surtout par le grand nombre d'expériences dont il est appuyé, expériences exécutées directement sur toutes les espèces de voitures en usage; c'est que, tel qu'il est, il peut fournir des données essentielles à la solution de quelques questions importantes. Nous en avons fait un court essai, précisément à celles qui, après avoir motivé nos recherches, ne sont plus devenues pour nous qu'un objet accessoire. Il nous eût été facile de multiplier les applications même sans sortir de la spécialité de notre art; les galets des ponts tournans, les rouleaux dont on se sert dans les chantiers pour barder les fortes pièces de charpente, ceux qui, sur les piliers des ponts suspendus, transmettent la tension aux chaînes de retenue, etc., sont autant de machines régies par les propriétés du frottement de seconde espèce; mais nous avons craint que ces calculs, qui ne présentent, du reste, aucune difficulté, ne nous détournassent de l'objet spécial de nos recherches.

Avant de commencer l'examen de nos expériences, qu'il nous soit permis de protester de ce qu'on peut appeler la vérité des chiffres qui les résument. Plus instruit aujourd'hui que nous ne l'étions en commençant, et sûr de n'être pas démenti par de nouvelles expériences, nous aurions pu facilement en corriger les écarts et leur donner une apparence d'exactitude qui eût facilité nos démonstrations, mais nous avons voulu, au contraire, les livrer à l'examen tels que l'observation les avait donnés, pour qu'on pût apprécier la probabilité des principes que nous en avons déduits, et même en déduire d'autres au besoin.

Voici maintenant en quoi consistait notre premier système d'expérimentation :

Une romaine à cadran, dont on pouvait faire varier à volonté la puissance au moyen d'un levier (fig. 1), était fixée aux brancards de la voiture dont on voulait connaître le tirage. Des hommes attelés sur cette romaine imprimaient à la voiture un mouvement uniforme, et le tirage se déduisait immédiatement de la position de l'aiguille sur le cadran de la romaine. C'est dans la détermination exacte de la position moyenne de l'aiguille que consiste toute la difficulté de ce genre d'expériences, difficulté qui a sans doute empêché qu'un mode aussi simple fût plus employé ; l'aiguille, en effet, oscille continuellement entre des limites très variables. Ces oscillations tiennent aux irrégularités de la résistance du terrain, et surtout à celles de la force tirante. On aurait pu, peut-être, déduire exactement cette position moyenne de l'aiguille de la trace qu'elle aurait laissée sur une bande de papier mise en mouvement par la roue de la voiture, on aurait pu peut-être aussi faire disparaître ces oscillations par un système de volans, mais ces moyens eussent été trop dispendieux et trop compliqués, et se seraient peut-être difficilement prêtés à un grand nombre d'expériences, dans lesquelles on aurait changé à chaque instant, comme nous l'avons fait, de terrain, de roues, de voitures et de pressions (*a*). Nous n'avons donc cherché qu'à atténuer ces oscillations et à les régulariser. On arrive à un résultat assz satisfaisant sous ce rapport, en ayant soin que le terrain sur lequel on opère, soit dans toute son étendue, d'une pente uniforme et d'une nature bien homogène; que les hommes attelés soient toujours en nombre suffisant pour que l'effort de chacun d'eux ne soit que de 5 ou 6 ^{k}; dès que le travail de chacun s'écarte trop de cette limite en plus ou en moins, le tirage ne se fait plus que par saccades, et les oscillations deviennent tout-à-fait irrégulières; il faut aussi que la pression soit suffisante, pour que la tension ne soit pas trop faible, car alors elle se trouve trop facilement et trop sensiblement altérée par le

(*a*) Le meilleur moyen pour étudier les propriétés du tirage eût été sans contredit celui qu'a employé Edgeworth, pour comparer des systèmes d'essieux.

Si on suppose qu'une corde passant sur une poulie de renvoi soit attachée à ses deux extrémités à deux voitures et qu'on tire la poulie, il est clair que les deux voitures s'avanceront parallèlement si elles éprouvent la même résistance. Or, c'est ce qu'on peut faire en chargeant convenablement l'une d'elles. On voit de suite comment on pourrait ainsi apprécier l'influence de la largeur de la bande, de la grandeur du diamètre des roues etc., etc. Peut-être même à une des voitures pourrait-on substituer l'ascension d'un poids et on aurait ainsi une véritable balance qui ne laisserait aucune incertitude sur l'appréciation du tirage. C'est à regret que nous avons renoncé à ce moyen.

moindre effort en excès. Avec les précautions que nous venons d'indiquer, on arrive à avoir des oscillations assez régulières et peu étendues (*b*), dont on peut déduire la position moyenne de l'aiguille avec assez de précision. Le tableau général des expérieces peut donner d'ailleurs une idée du dégré d'exactitude auquel nous sommes parvenu, et on verra plus tard que la propriété du frottement d'être proportionnel à la pression fournit un moyen de calculer ce frottement avec un dégré d'exactitude presque indéfini.

Voici maintenant comment du poids de la voiture et des tensions observées directement sur la romaine, nous avons déduit pour chaque expérience la résistance due au frottement de la bande de la roue sur le terrain, soient :

I La pente du terrain toujours assez faible pour qu'on ait $\tang I = \sin I = I$ sans erreur sensible.

P la pression sur la route, ou poids de la voiture et des roues.

T la tension observée.

p le poids des roues.

D le diamètre des roues.

d le diamètre de l'essieu.

f le coefficient du frottement à l'essieu.

$f' = f\frac{d}{D}$ le coefficient du frottement à l'essieu pour chaque voiture.

F le coefficient du frottement à la bande de la roue.

(*b*) L'amplitude des oscillations nous a paru être proportionnelle à la tension, de sorte que les erreurs de lecture doivent l'être aussi. L'exactitude des résultats est par conséquent la même pour les grandes et pour les petites tensions, lorsqu'on] n'en déduit que des rapports, mais elle

La pente du terrain étant I, la tension se trouve augmentée ou diminuée de PI, suivant que l'expérience est faite en montant ou en descendant, les résistances dues au frottement sont donc exprimées par $T \pm PI$. Or le frottement à l'essieu est $f \frac{d}{D}(P-p)$. On a donc : FP ou résistance à la bande $= T \pm PI - f \frac{d}{D}(P-p)$

d'où $$F = \frac{P \pm PI - f\frac{d}{D}(P-p)}{P}.$$

Le coefficient f est constant pour chaque voiture, mais doit varier sensiblement d'une voiture à une autre ; il eût donc fallu le déterminer directement par des expériences particulières, mais comme dans l'expression ci-dessus il se trouve multiplié par le rapport de $\frac{d}{D}$ toujours assez petit, nous avons cru pouvoir le supposer égal à 0, 12 pour toutes les voitures. Ce chiffre est indiqué par plusieurs ouvrages de Mécanique. Nous croyons cependant que cette supposition a sensiblement altéré quelques résultats d'expériences, surtout lorsque le poids de la roue se trouvait une partie considérable du poids total. On eût pu cependant rendre les résultats indépendants de cette quantité, en ne se servant que d'un essieu attaché à une paire de roues, et le chargeant de poids circulaires qui eussent tourné avec lui ; la puissance eût été alors appliquée aux extrémités de l'essieu, dont le diamètre eût pu être très-petit dans cette partie, et le frottement à l'essieu, qui n'aurait plus été

diminue lorsque la tension augmente quand on en déduit des différences. C'est une observation sur laquelle nous aurons lieu d'insister plus tard.

alors que de f $\frac{d}{D}$ T eût été assez faible pour qu'on pût le négliger (*c*).

D'après les explications qu'on vient de donner, on peut maintenant comprendre la signification de toutes les colonnes du tableau. Après avoir, dans les douze premières, défini l'expérience, c'est-à-dire le terrain sur lequel on opère, la voiture qu'on emploie, d'après les éléments qui peuvent faire varier le tirage, on donne dans la 13me ce tirage tel qu'il résulte de l'observation. Les colonnes suivantes ne sont plus que le résultat des calculs que nous venons d'indiquer et dont la formule est donnée en titre des colonnes. La 17me contient les produits du frottement à la bande, par la racine quarrée du diamètre de la roue, expression dont nous démontrerons tout à l'heure la propriété remarquable. Nous allons exposer maintenant les diverses conséquences qui nous ont paru résulter de nos expériences, en séparant ce qui est relatif aux surfaces unies ou molles, comme les chaussées d'empierrement, les sables, les terres de ce qui est relatif aux surfaces dures et raboteuses, comme les chaussées pavées, parce que, comme on le verra plus tard, les lois du frottement à la bande des roues sur ces deux natures de surface sont tout-à-fait différentes. Nous commencerons par l'examen des expériences sur les surfaces unies.

(c) Pourquoi sur les chemins de fer, où le frottement à l'essieu est la plus grande partie de la résistance, ne se sert-on pas, pour un grand nombre de marchandises, comme le charbon de terre, le coton, etc. qui se prêteraient à ce genre de chargement, de wagons cylindriques qui adaptés aux roues tourneraient avec elles? Ils n'auraient d'autre inconvénient à ce qu'il nous semble que de nécessiter une plus grande force motrice au départ. Mais il en résulterait une diminution énorme dans le frottement à l'essieu.

SURFACES UNIES.

CHAUSSÉES D'EMPIERREMENS, SABLES, ETC.

La vitesse n'a pas d'influence sur le tirage.

C'est un des résultats les plus faciles à constater au moyen des expériences que nous avons indiquées. Il suffit en effet pour cela de reconnaître que dans deux expériences consécutives, les oscillations de l'aiguille sont les mêmes, et c'est ce qu'il est facile de voir sans avoir recours à sa position moyenne. La plupart des expériences du tableau ont été ainsi répétées avec des vitesses différentes, et jamais nous n'avons pu apprécier de différence sensible entre les oscillations de l'aiguille. Nous avons donc cru devoir nous dispenser d'écrire deux fois chaque expérience dans le tableau; nous avons seulement indiqué ce résultat dans la colonne des vitesses. On ne doit pas perdre de vue que cette propriété, ainsi que les suivantes, ne s'applique qu'aux terrains unis.

L'influence de la vitesse sur le tirage des voitures est une des questions les plus importantes qu'on puisse se proposer sur cette théorie, par les conséquences qu'on peut en tirer sur la police du roulage; et, d'un autre côté, l'opinion contraire au principe que nous venons de poser est si répandue, qu'on pourra peut-être trouver nos expériences peu concluantes et attribuer notre erreur à leurs inexactitudes; mais on verra plus tard de quel degré d'exactitude le moyen d'expérimentation que nous avons employé est susceptible, et qu'il est impossible que la moindre influence de la vietsse sur le tirage nous ait échappé. Nous reviendrons d'ailleurs au sujet des chaussées pavées sur les formules qu'on a données jusqu'à présent, pour exprimer le tirage en fonction de la vitesse et sur les expériences dont on les a appuyées, et on reconnaîtra que ni les unes ni les autres ne méritent une grande confiance.

Le frottement à la bande de la roue est le même en montant qu'en descendant.

En admettant ce principe, si, pour faire monter une pente I, il faut un tirage T et un tirage T' pour la descendre, on devra avoir :

$$T - PI = T' + PI$$

Or, en jetant les yeux sur les expériences du tableau qui sont faites sur des terrains en pente, il est facile de voir qu'on a toujours pour les expressions T + PI T' — PI des nombres peu différens entr'eux (colonne n° 14 du tableau), et en prenant les sommes de ces expressions pour deux séries d'expériences faites avec les mêmes poids, l'une en montant, l'autre en descendant, on trouve aussi que ces moyennes sont à peu près identiques. Ainsi des séries n^os (23), (24), (25), (26), (3) et (4) on peut tirer le tableau suivant.

POIDS.	TERRAIN très sablonneux. I = 0.013 TIRAGES		TERRAIN sablonneux. I = 0.023 TIRAGES.		CHAUSSÉE raboteuse. I = 0.023 TIRAGES.		CHAUSSÉE bonne. I = 0.014 TIRAGES.		CHAUSSÉE boueuse. I = 0.17 TIRAGES.		CHAUSSÉE boueuse. I = 0.17 TIRAGES.	
	Montant.	Descend.	M.	D.	M.	D.	M.	D.	M.	E.	M.	D.
1.400^k	57^k 80	62^k 20	53^k 80	58^k 20	47^k 80	55^k 20	28^k 40	33^k 60	52^k 20	49^k 80	» »	» »
1.300	» »	» »	» »	» »	» »	» »	24 80	31 20	» »	» »	» »	» »
1.200	48 40	51 60	44 60	50 60	42 40	47 60	23 20	29 80	45 60	42 40	69 60	76 40
1.100	» »	» »	» »	» »	» »	» »	22 60	26 40	» »	» »	» »	» »
1.000	43 00	43 00	37 00	45 00	35 00	39 00	21 00	22 00	29 00	37 00	59 00	59 00
900	» »	» »	» »	» »	» »	» »	20 40	19 60	» »	» »	» »	» »
800	35 60	36 40	31 60	35 40	27 60	30 40	16 80	17 20	20 40	31 60	52 40	47 60
700	» »	» »	» »	» »	» »	» »	15 20	15 80	» »	» »	» »	» »
600	28 20	30 80	26 20	28 80	22 20	25 80	12 60	13 40	21 80	26 20	35 80	36 20
500	» »	» »	» »	» »	» »	» »	11 00	12 00	» »	» »	» »	» »
400	22 80	23 20	18 40	21 60	16 40	19 60	9 40	9 60	» »	» »	» »	» »
	235 80	247 20	211 40	239 60	191 40	247 60	205 40	230 60	169 00	186 00	216 80	219 20
Différen.	11^k 40		28^k 20		26^k 20		25^k 20		17^k 00		2^k 40	

Les différences entre les sommes des tensions sont assez faibles, par rapport à ces sommes, pour que nous n'hésitions pas à les attribuer aux inexactitudes des expériences. Nous ferons d'ailleurs remarquer que ces résultats sont précisément ceux qui doivent être affectés des erreurs les plus considérables. Nous avons dit dans la note (*b*) que l'amplitude des oscillations de la romaine, et par conséquent l'incertitude sur sa position moyenne, était à peu près proportionnelle à la tension, de sorte qu'en supposant que la tension réelle soit θ, la tension déduite de l'observation est : $\theta + \varepsilon\theta$ (ε fraction limite en plus et en moins de l'erreur possible); or dans une pente I

$$\theta = T + PI$$

T étant la tension due au frottement, on aura donc

$$T = \theta - PI$$

pour cette tension, et

$$T = \theta + \varepsilon\theta - PI$$

pour valeur de cette tension déduite de l'observation. Or, $\varepsilon\theta$ peut être une quantité fort grande par rapport à T, surtout si la pente I est considérable. Un exemple rendra ceci fort clair : que dans une pente la tension de la romaine soit de 100^k, 80^k par l'effet de la pente, 20^k par l'effet de la tension due au frottement, il sera très-possible, que par suite d'erreur, on ne lise sur la romaine que 95^k et qu'on en déduise 15^k pour l'effet du frottement, ce qui donnerait une erreur du quart sur cette quantité. On voit par là que les expériences faites en montant des pentes doivent donner des résultats assez inexacts sur le frottements des roues.

En descendant la pente, la tension de la romaine se trouve au contraire diminuée, et il est difficile cependant que l'attelage ne lui imprime pas un excédent de tirage, qui ne fait que produire une accélération de vitesse dans le cours de l'expérience ; le tirage parait alors plus considérable qu'il ne l'est en effet.

C'est à cela sans doute qu'il faut attribuer l'excédent du tirage de la descente sur la montée que nous remarquons dans le tableau ci-dessus ; car plus nous avons cherché à nous mettre à l'abri de cette cause d'erreur, plus nous sommes arrivé à avoir des chiffres semblables.

Le frottement à la bande des roues est indépendant de la pente du terrain.

Ce résultat ne peut se prouver d'une manière rigoureuse à l'aide de nos expériences, car on ne peut leur soumettre le même terrain avec des pentes diverses, et ce n'est que par une appréciation toujours sujette à erreur qu'on peut comparer la nature de deux terrains. Cependant tous les essais que nous avons faits nous ont convaincu de l'exactitude de ce principe, qui n'est d'ailleurs qu'une conséquence du précédent ; car il est bien probable que si la pente du terrain avait augmenté ou diminué le frottement, cette cause eût agi en sens inverse en montant et en descendant.

Nous ne citerons que quelques expériences à l'appui de cette proposition ; dans le tableau qui précède, on peut d'abord comparer celles qui sont faites sur les deux premiers terrains, et on verra que quoique les pentes soient très-différentes, les chiffres correspondans aux mêmes pressions sont toujours à peu près dans le même rapport ; enfin que le terrain très-sablonneux donne une tension totale de 483 ^{k} (23) ; que le terrain moins sablonneux donne 441 ^{k} (24) ; l'un avec une pente de 0.023, l'autre une pente de 0.013, et que la légère différence des tensions s'explique par la différence des terrains. On peut aussi mettre en comparaison les expériences n°(22) et n°(26), faites sur des chaussées qui paraissaient à peu près semblables.

POIDS.	TENSIONS. CHAUSSÉE bonne I = 0.028	CHAUSSÉE bonne un peu plus unie et p. dure. I = 0.014
k.	k.	k.
1,400	30 80	28 40
1,200	26 40	23 20
1,000	26 00	21 00
800	17 60	16 80
600	13 20	12 60
400	10 80	9 40
	124k 80	111k 40

Nous n'insisterons pas davantage sur ces deux principes, qui sont tellement d'accord avec ceux de la statique, que la démonstration expérimentale que nous venons d'en donner paraitra peut-être superflue. Nous n'avons cru devoir nous y arrêter un peu longuement que parce que des résultats contraires avaient été annoncés, et qu'on en pouvait tirer des conséquences tout-à-fait erronées sur la nature du travail fait par la bande de la roue sur le sol de la route (*d*).

(*d*) Annales des Ponts et Chaussées, septembre et octobre 1832. Mémoires de M. Minard, page 137.

« Les expériences L et M, P et Q, R et S font voir que pour une même « pente le frottement est moindre en montant qu'en descendant, ce qui « peut s'expliquer par les considérations précédentes sur *la forme que* « *prend le terrain immédiatement en avant de la roue*. De là on doit « conclure que le frottement en montant est plus grand que celui qui « aurait lieu sur le même terrain de niveau. »

La résistance à la bande de la roue est proportionnelle à la pression ; autrement, le coefficient du frottement à la bande est indépendant de la pression.

Si on regarde les pressions comme des abscisses, et les tensions correspondantes comme des ordonnées, chacune des expériences du tableau donnera un point; si maintenant on réunit ensemble tous les points donnés par une série d'expériences, faite avec la même voiture, sur le même terrain, avec des poids différens, on aura une ligne brisée dont les angles, en général, s'écarteront assez peu d'une ligne droite. La fig. (2) représente plusieurs séries d'expériences du tableau ainsi construites et sa seule inspection met en évidence le principe énoncé. On peut d'ailleurs s'en convaincre aussi par les nombres eux-mêmes. Admettons, en effet, que le rapport entre la pression sur la route et le frottement soit constant pour une même voiture et pour un même terrain, il s'en suivra qu'on aura, en appelant T_1, T_2 T_3...,. .P_1 P_2 P_3 les tensions et les pressions correspondantes

$$T_1 = FP_1 + f'(P_1 - p)$$

ou

$$\frac{T_1 + f'p}{P_1} = F + f'$$

$$\frac{T_2 + f'p}{P_2} = F + f'$$

$$\frac{T_3 + f'p}{P_3} = F + f'$$

C'est-à-dire que le rapport entre la tension observée augmentée de la quantité $f'p$, et la pression, devra être constant. Or, ce rapport est donné dans la colonne n° 15 du tableau, où f' a été supposé égal à 0, 12 $\frac{d}{D}$, comme nous l'avons dit plus haut. En parcourant cette colonne, on verra que les différences des chiffres qu'elle renferme sont très-légères, lorsque toutes les conditions nécessaires à l'exactitude de l'expérience sont remplies, c'est-à-dire lorsque la pente du terrain est faible et régulière, et lorsque les tensions ne dépassent pas des limites convenables. Nous rassemblerons ici quelques-unes de ces séries d'expériences en indiquant les différences avec le résultat moyen :

	F + f'	Différen. avec la moyenne.	F + f'	Différen. avec la moyenne.	F + f'	Différen. avec la moyenne.	F + f'	Différen. avec la moyenne.
	(7)		(8)		(9)		(10)	
	0, 0313	0, 0009	0, 0291	0, 0016	0, 0344	0, 0002	0, 0294	0, 0009
	0, 0327	0, 0005	0, 0309	0, 0002	0, 0350	0, 0008	0, 0281	0, 0004
	0, 0317	0, 0005	0, 0337	0, 0030	0, 0357	0, 0015	0, 0321	0, 0036
	0, 0335	0, 0013	0, 0298	0, 0009	0, 0350	0, 0008	0, 0289	0, 0004
	0, 0311	0, 0011	0, 0311	0, 0004	0, 0347	0, 0005	0, 0303	0, 0018
	0, 0324	0, 0002	0, 0304	0, 0003	0, 0338	0, 0006	0, 0294	0, 0009
	0, 0338	0, 0016	0, 0317	0, 0010	0, 0338	0, 0006	0, 0279	0, 0006
	0, 0311	0, 0011	0, 0283	0, 0024	0, 0328	0, 0014	0, 0289	0, 0004
			0, 0334	0, 0027	0, 0349	0, 0007	0, 0277	0, 0008
			0, 0289	0, 0018	0, 0356	0, 0014	0, 0275	0, 0010
			0, 0326	0, 0019	0, 0350	0, 0008	0, 0326	0, 0041
			0, 0285	0, 0022	0, 0330	0, 0012	0, 0272	0, 0013
					0, 0343	0, 0001	0, 0282	0, 0003
					0, 0323	0, 0019	0, 0270	0, 0015
moy	0, 0322		0, 0307		0, 0342		0, 0285	
	(11)		(19)		(20)		(21)	
	0, 0358	0, 0017	0, 0356	0, 0012	0, 0323	0, 0006	0, 0318	0, 0000
	0, 0352	0, 0011	0, 0406	0, 0038	0, 0332	0, 0015	0, 0318	0, 0000
	0, 0348	0, 0007	0, 0357	0, 0011	0, 0318	0, 0001	0, 0300	0, 0018
	0, 0339	0, 0002	0, 0384	0, 0016	0, 0298	0, 0019	0, 0309	0, 0019
	0, 0323	0, 0018	0, 0369	0, 0001	0, 0325	0, 0008	0, 0334	0, 0016
	0, 0330	0, 0011	0, 0367	0, 0001	0, 0305	0, 0012	0, 0331	0, 0013
	0, 0343	0, 0002	0, 0358	0, 0010	0, 0326	0, 0009	0, 0326	0, 0008
	0, 0347	0, 0006	0, 0378	0, 0010	0, 0312	0, 0005	0, 0306	0, 0012
			0, 0358	0, 0010				
			0, 0338	0, 0030				
moy.	0, 0341		0, 0368		0, 0317		0, 0318	

Ce tableau, que nous aurions pu rendre plus considérable en extrayant encore d'autres chiffres du tableau général, nous semble mettre hors de doute le résultat que nous avons annoncé plus haut, savoir que le coefficient du frottement à la bande est indépendant de la pression. Si la théorie jusqu'à présent avait annoncé un résultat contraire (*e*), cela tient à ce que les hypothèses sur le travail fait par la roue sur la route n'étaient pas exactes.

Il est remarquable que cette propriété du frottement à la bande d'être proportionnel à la pression paraît générale; car, d'après nos expériences, elle s'applique aux terrains sablonneux, aux chaussées d'empierrement, aux prairies et, comme on le verra plus tard, aux chaussées pavées.

Avant de passer à la démonstration des autres propriétés du frottement à la bande des roues, nous croyons devoir nous arrêter un instant sur le principe qu'on vient de démontrer, pour faire voir qu'on peut en faire immédiatement une application utile aux expériences pour en évaluer le degré d'exactitude, et surtout pour en tirer des résultats presqu'entièrement à l'abri des causes d'erreurs inhérentes à ce système d'expérimentation.

En effet, le coefficient du frottement à la bande étant constant, nous avons vu plus haut qu'en faisant avec la même voiture une série d'expériences avec

(*e*) Annales des Ponts et Chaussées septembre 1832. (Mémoire de M. Coriolis).
Considérations sur les principes de la police du roulage. (Navier).
Mémoire de Gerstner.

des poids différents, on avait entre ces poids et les tensions observées des équations de la forme :

$$t_1 = A_1\, p_1 - B_1$$
$$t_2 = A_2\, p_2 - B_2$$
$$\cdots\cdots\cdots$$
$$t_n = A_n\, p_n - B_n$$

Or on peut tirer de ces équations des valeurs moyennes de A et de B qui aient en leur faveur une bien plus grande probabilité d'exactitude qu'aucune des valeurs de A_1, A_2, . . . A_n; B_1, B_2, . . . B_n ; en rendant un minimum l'expression :
$(t_1 - A\,p_1 + B)^2 + (t_2 - A\,p_2 + B)^2 \ldots + (t_n - A\,p_n + B_n)^2$
Ces valeurs sont, en appelant
T la somme des tensions $t_1 + t_2 \ldots + t_n$
et P la somme des pressions $p_1 + p_2 \ldots + p_n$:

$$A = \frac{n\,(p_1 t_1 + p_2 t_2 \ldots + p_n t_n) - PT}{n\,(p_1^2 + p_2^2 \ldots + p_n^2) - P^2}$$

$$B = \frac{P\,(p_1 t_1 + p_2 t_2 \ldots + p_n t_n) - T\,(p_1^2 + p_2^2 \ldots + p_n^2)}{n\,(p_1^2 + p_2^2 \ldots + p_n^2) - P^2}$$

ainsi on pourrait à la rigueur tirer des expériences la valeur même de B ou $f'p$, et par conséquent du coefficient du frottement à l'essieu. Mais si on remarque que cette quantité est toujours fort petite par rapport à la tension, on verra qu'il faudrait avoir un très-grand nombre d'expériences pour atteindre un degré de probabilité suffisant. C'est pour cela qu'on a préféré se donner la quantité f' à priori, il n'est plus resté à déterminer que A. Or, en regardant B comme donné, la valeur de A qui rend l'expression ci-dessus, un minimum est :

$$A = \frac{B P + (p_1 t_1 + p_2 t_2 \ldots \ldots + p_n t_n)}{p_1^2 + p_2^2 \ldots \ldots \ldots + p_n^2}.$$

Quoique cette expression se simplifie beaucoup, lorsque p_1, p_2,... p_n sont en progression arithmétique ; cependant le calcul en est toujours un peu long; nous avons donc cherché à la simplifier en observant que la somme des produits du numérateur $p_1 t_1 + p_2 t_2 \ldots + p_n t_n$ peut se remplacer par n fois le produit $\frac{P}{n} \times \frac{T}{n}$ et la somme des quarrés du dénominateur $p_1^2 + p_2^2 \ldots + p_n^2$ par n fois le quarré $\frac{P^2}{n^2}$, surtout lorsque les expériences s'écartent peu de la vérité. Cette substitution donne pour A la valeur suivante :

$$A = \frac{B + \frac{T}{n}}{\frac{P}{n}} = \frac{f' p + \frac{T}{n}}{\frac{P}{n}}$$

c'est-à-dire que pour avoir le résultat moyen il faut opérer sur la tension et sur la pression moyennes comme sur une expérience particulière, c'est ce que nous avons fait dans le tableau général.

Il est d'ailleurs facile de construire graphiquement cette valeur moyenne de A; en un mot, de tracer la ligne déterminée par les expériences. Un des points de cette ligne, en effet, est donné par la quantité f' p portée sur l'axe des tensions au-dessous de l'origine. L'autre point ayant pour coordonnées: $\frac{T}{n}$, $\frac{P}{n}$, est le centre de gravité des points déterminés par les expériences partielles. La fig. 2 représente la construction graphique de plusieurs séries avec la ligne droite qui en est le résultat moyen.

Ainsi le grand nombre d'expériences du tableau général, qui toutes font partie de séries dans lesquelles on a fait parcourir aux chargements de la même voiture une échelle plus ou moins étendue, a moins pour but de constater que le frottement à la bande est indépendant de la pression, que de fournir une suite de points qui détermine exactement l'inclinaison d'une ligne. Il est facile de voir du reste que la répétition de le même expérience, qui donnerait des ordonnées différentes du même point entre lesquelles on pourrait prendre une ordonnée moyenne, ne conduirait pas à un résultat aussi exact, parce que les erreurs n'auraient pas autant de chances de se compenser. La méthode que nous avons employée offre un moyen d'approcher de l'exactitude semblable à celui que fournit le cercle répétiteur pour l'observation des angles.

Quoique la valeur moyenne de A ou $F + f'$, résultant d'une série d'expériences, n'exige pas le calcul préliminaire des quantités correspondantes pour chaque expérience; nous avons cru devoir faire ce calcul, pour qu'il pût faire apprécier le degré d'exactitude du résultat moyen par ses différences avec celui de chaque expérience particulière. Ces différences sont calculées dans le tableau ci-dessus pour les quatre-vingt-deux expériences qu'il renferme. En prenant leur rapport avec le résultat moyen, on trouve que l'erreur est :

5 fois seulement le 10me du résultat moyen en plus ou en moins.
24 fois le 20me.
42 fois le 30me.

Les résultats moyens des séries qui sont composées d'expériences nombreuses, doivent donc offrir un grand degré d'exactitude (*d*), et on peut s'en servir avec quelque confiance pour étudier et même mesurer l'influence de toutes les causes qui peuvent faire varier le frottement à la bande des roues.

Le frottement à la bande est en raison inverse de la racine quarrée du diamètre de la roue.

Lorsqu'on change les roues d'une voiture et qu'on lui en substitue d'un diamètre différent, on s'aperçoit bien vite que le tirage diminue lorsque le diamètre augmente, mais dans une proportion beaucoup moins rapide, et qui, au premier coup d'œil, nous a paru être dans le rapport de la racine quarrée du diamètre. Pour le reconnaître d'une manière certaine, nous avons multiplié les valeurs de F résultants de nos calculs par la racine quarrée des diamètres correspondants des roues. Si notre hypothèse était exacte, les produits devaient être égaux, lorsque l'expérience était d'ailleurs faite sur le même terrain et le même jour (car dans la saison où nous nous trouvions alors, la surface du sol s'altérait sensiblement d'un jour à l'autre). Le tableau suivant représente le résultat de ce calcul; on voit que les valeurs du frottement à la bande, très-différentes dans les colonnes intitulées F, suivant les diamètres des roues, deviennent à peu près égales par la multiplication de la racine quarrée du diamètre dans les colonnes intitulées $F\sqrt{D}$; car si on a :

(*f*) La représentation graphique des expériences avec la droite moyenne, fig. 2, donne aussi une idée de leur exactitude.

$$F : F' :: \sqrt{D'} : \sqrt{D} \; ; \; F' : F'' :: \sqrt{D''} : \sqrt{D'} \text{ etc.}$$

on aura :

$$F \sqrt{D} = F' \sqrt{D'} = F'' \sqrt{D''} = F''' \sqrt{D'''} \text{ etc.}$$

DIAMET.	PRÉ			EMPIERREMENT DOUX.			EMPIERREM. TRÈS-BON.			EMPIERREME. HUMIDE.		
	N°s	F	$F\sqrt{D}$	N°s	F	$F\sqrt{D}$	N°s	F	$F\sqrt{D}$	N°s	F	$F\sqrt{D}$
m 0, 76	(2)	0, 0551	0, 0480	(4)	0, 0507	0, 0442	(6)	0, 0390	0, 0340			
0, 91							(12)	0, 0373	0, 0356	(14)	0, 0379	0, 0362
1, 35							(13)	0 0293	0, 0340			
1. 48										(15)	0, 0329	0, 0400
1. 82	(1)	0, 0371	0, 0500	(3)	0, 0324	004, 37	(7)	0, 0276	0, 0372			
1, 88							(8)	0, 0256	0, 0356			

Nous devons rappeler ici que pour arriver à la valeur de F, il faut connaitre la valeur du coefficient du frottement à l'essieu f; que si on a pu sans erreur sensible, sur la valeur de $F + f\frac{d}{D}$, supposer ce coefficient égal à 0,12 pour toutes les voitures, il n'en est pas de même lorsqu'on passe à la valeur de F qui se trouve sensiblement altérée, si la valeur de f n'est pas exacte. Prenons pour exemple la 2e expérience de la 1re série, dans laquelle on a supposé f = 0,12 et faisons-y, f = 0,24 au lieu de

$$F + f' = 0{,}0411 \qquad F = 0{,}0368$$

on aura :

$$F + f' = 0{,}0421 \qquad F = 0{,}0335$$

ainsi la supposition de f = 0,24 n'augmente la valeur de F + f' que de 0,0010 tandis qu'elle diminue celle de F de 0,0033.

Or, lorsqu'on compare ensemble, comme dans les expériences ci-dessus, le frottement de deux voitures différentes et surtout de la même voiture avec des roues de divers diamètres, le coefficient du frottement à l'essieu doit nécessairement changer. Les légères différences que présentent les chiffres des colonnes F $\sqrt{D}$ ne peuvent donc infirmer le principe que nous avons posé plus haut. Nous ferons d'ailleurs voir tout à l'heure, par des expériences d'un genre tout-à-fait différent et qui ne laisse aucune prise à l'arbitraire de l'observateur, que ce principe s'applique non-seulement aux surfaces unies et molles, comme les chaussées d'empierrement, mais encore aux surfaces raboteuses comme les pavés, ou dures et unies comme les chemins de fer, et qu'il n'est qu'un corollaire d'un principe plus général encore, qui s'applique à tous les corps roulants sur des surfaces planes.

La relation qui existe entre le frottement et le diamètre des roues étant connue, il est facile, lorsqu'on connaît ce frottement F pour un certain diamètre D, d'en déduire ce frottement x pour un diamètre D' par la proportion :

$$x : F :: \sqrt{D} : \sqrt{D'}$$

d'où on tire :

$$x = \frac{F\sqrt{D}}{\sqrt{D'}}$$

Si, $\quad D' = 1, \quad x = F\sqrt{D}$

Cette quantité ou frottement pour des roues de 1 m de diamètre est la mesure de la viabilité des terrains, c'est-à-dire qu'elle peut servir à les comparer sous le rapport de la résistance qu'ils opposent aux corps roulants. Nous désignerons ce cofficient par ρ, de sorte que $\frac{\rho}{\sqrt{D}}$ exprimera le coefficient de la résistance pour un diamètre D.

La largeur des bandes n'influe pas sur le frottement et même plus généralement, la forme de la surface de contact n'influe pas sur le frottement.

Le principe que le frottement à la bande est en raison inverse de la racine quarrée du diamètre de la roue étant reconnu, nous avons ajouté au tableau une colonne qui donne le frottement pour les roues de 1 m de diamètre. Les chiffres de cette colonne dont nous allons nous servir maintenant, sont donc indépendants de cette dimension de la roue. Si on réunit ainsi les expériences faites avec des roues de largeurs de bande différentes, et sur des chaussées de natures comparables entre elles. Voici les résultats auxquels on arrive :

Nos des expériences	(10)	(7)	(8)	(9)	(10).
Largeur de bandes . .	0,05	0,075	0,115	0,14	0,17.
Frottemens.	0,0356	0,0372	0,0351	0,0392	0,0314.

Il est inutile de rappeler ici ce que nous avons dit tout à l'heure relativement aux inexactitudes qui résultent de ce que le frottement à l'essieu n'est pas connu. Cependant quoique ces expériences tendissent déjà à nous faire croire que la largeur de la bande n'a pas d'influence sur le tirage, elles présentaient cependant entre elles quelques anomalies dont nous voulions nous rendre compte. D'ailleurs, les roues de 0. 17 de largeur de bande, dont nous nous étions servis, étaient très-usées, et la bande dont la figure 5 représente une coupe, n'avait avec la chaussée qu'un contact de 9 à 10 centimètres, comme le faisait voir l'empreinte que laissait l'humidité de la route. Nous avons donc cru devoir recommencer ces expériences avec tout le soin que méritait le résultat que nous cherchions. Voici ce qu'ont donné les nouvelles expériences pour lesquelles nous avons pu nous procurer des roues de 0. 17 entièrement neuves, et par conséquent rectilignes.

Nos des expériences. . . .	(18)	(19)	(20)	(21).
Largeur des bandes. . .	0,075	0,14	0,17	0,17 vieilles.
Frottemens correspondans.	0,0370	0,0430	0,0358	0,036.

Voyant que pour des bandes de largeur aussi différentes que 0. 075 et 0. 17 on avait des frottements qui différaient aussi peu que les nombres 358 et 370, nous cherchâmes à nous rendre compte de l'anomalie que présentaient les bandes de 0. 14 qui, dans les deux séries d'expériences, avaient donné des frottements plus considérables que les autres largeurs. Un examen plus attentif des roues nous fit apercevoir qu'il y avait un balottement au moyeu, tel que la partie supérieure de la roue s'écartait et s'approchait alternativement du corps de la voiture, ce qui devait considérablement augmenter le frottement. En écartant donc les expériences faites avec ces roues, on peut former avec les deux séries le tableau suivant :

Nos des expériences.	(10)	(18)	(8)	(20)	(21).
Largeur des bandes.	0,05	0,075	0,115	0,17	0,17 vieilles.
Frottemens corresp.	0,0356	0,0370	0,0351	0,358	0,0360.

Les chiffres de la dernière ligne nous paraissent mettre hors de doute la non influence de la largeur de la bande sur le frottement. Les largeurs de bande varient, en effet, entre de très-grandes limites, du simple au triple, sans qu'il en résulte de différence sensible dans le frottement

Si on remarque dans la figure 6 la forme convexe des vieilles bandes de 0,17, qui, dans le tableau précédent, ne donnent aucune différence pour le frottement avec les bandes rectilignes, on en conclura que non-seulement la largeur de la bande, mais même sa forme, n'a aucune influence sur la résistance qu'elle éprouve à la surface de la route, pourvu que la vitesse de rotation de tous les points de la bande soit sensiblement la même.

Il y a d'ailleurs dans les deux propriétés du tirage, d'être proportionnel à la pression et indépendant de la largeur de la bande, une relation telle qu'il eût peut-être été suffisant de démontrer une de ces propriétés par l'expérience, et d'en déduire l'autre par le raisonnement. En effet, si le tirage est proportionnel à la pression, quelque soit la manière dont cette pression se distribue entre les diverses zones d'une roue d'une largeur quelconque, le tirage total sera toujours le même, si la pression totale est la même. Ainsi soient $p_1, p_2, \ldots p_n$, les pressions des diverses zones d'une roue, puisque le tirage est proportionnel à la pression, on a, en appelant $t_1, t_2, \ldots t_n$, les tirages partiels de chaque zone :

$$t_1 = f\,p_1.\ t_2 = f\,p_2 \ldots t_n = f\,p_n$$

donc $t_1 + t_2 . + t_n = f(p_1 + p_2 \ldots + p_n) = f\,P.$ quelque soit la largeur de la bande, ce qui n'aurait pas lieu si par exemple le tirage était proportionnel au carré de la pression, car le terme $f(p_1^2 + p_2^2 . . + p_n^2)$ ne serait pas égal à $f\,P^2$. Dans cette hypothèse le tirage dépendrait donc de la manière dont la pression se distribuerait dans la largeur de la bande, et varierait par conséquent avec sa forme et tous les accidents de terrain qui changeraient les dimensions du contact.

Nous aurions donc pu nous dispenser de faire des expériences aussi nombreuses pour démontrer ce principe ; mais nous n'avons voulu emprunter au raisonnement que les résultats que l'expérience ne pouvait donner directement. Il nous semble d'ailleurs que cette espèce d'accord, non-seulement confirme ces propriétés du tirage, mais donne une preuve nouvelle de l'exactitude de notre méthode d'expérimenter, qui doit augmenter la probabilité de tous les autres résultats.

La suspension de la voiture sur des ressorts n'influe pas sur le frottement.

Les expériences 14 et 15, dont l'une est faite avec une petite charrette non suspendue, et l'autre avec un cabriolet suspendu, donnent pour coefficient du frottement 0. 036 2 pour la charrette, et 0. 0400 pour le cabriolet.

Cette différence provient sans doute de ce que les expériences faites avec des pressions assez faibles sont assez inexactes, et de l'incertitude sur le frottement à l'essieu. Les expériences du n° 16 sont d'ailleurs beaucoup plus décisives ; elles ont été faites avec un char à bancs dont les bancs seulement étaient suspendus. Les poids étaient tour-à-tour placés sur la caisse non suspendue et sur les bancs suspendus ; ces deux dispositions donnaient toujours exactement le même tirage. Il est à observer en outre que ces expériences, après avoir été faites au pas, étaient répétées au trot, et que le frottement ne variait nullement avec la vitesse. On ne perdra pas de vue qu'il ne s'agit ici que de chaussées très-unies.

Le frottement à la bande des roues de derrière d'une voiture à quatre roues est moindre que pour les roues de devant.

Il nous paraît évident que les roues d'avant-train d'une voiture à quatre roues doivent éprouver, de la part du terrain, une résistance due à leur charge et à leur diamètre, comme si elles appartenaient à une voiture à deux roues; car elles se trouvent absolument dans les mêmes circonstances. Cela posé, si deux voitures, l'une à deux, l'autre à quatre roues, dont celles de l'arrière-train soient de même diamètre que celles de la voiture à deux roues, donnent le même tirage pour les mêmes poids, il est clair que le frottement sera moindre pour les roues de derrière de la voiture à quatre roues que pour celles de la voiture à deux roues; car quelle que soit la fraction de chargement qui porte sur les roues de devant, cette fraction doit éprouver une résistance due au diamètre de ces roues, plus considérable que dans la voiture à deux roues; la fraction qui porte sur les roues de derrière doit donc éprouver un tirage moindre, puisque la somme est la même.

Les expériences 15 et 16 réalisent cette hypothèse. Elles ont été faites, l'une avec un cabriolet dont les roues avaient 1.^{m} 48 de diamètre, l'autre avec un char à bancs dont les roues avaient $0^m.86$ de diamètre pour l'avant-train et $1^m.50$ pour l'arrière-train, et cependant les moyennes des tensions, pour les mêmes poids, sont $21^k.50$ pour le cabriolet et $21^k.30$ pour le char à bancs. Si le tirage des roues de l'arrière-train ne changeait pas et qu'on connût la manière dont la charge est répartie, il serait facile de calculer le tirage total de la voiture à quatre roues du n° 16.

En effet, soit x la pression sur le sol des roues de l'avant-train, on aura :

$$T = p\left(\frac{x}{\sqrt{0.86}} + \frac{P - x}{\sqrt{1.50}}\right) + f\,\frac{d}{\frac{0{,}86 + 1.50}{2}}(P - p)$$

(le dernier terme de cette équation est une valeur suffisamment exacte de la résistance aux essieux).

Supposons que la charge fût également répartie, et mettant pour p sa valeur déduite de l'expérience, alors l'équation ci-dessus donne en faisant $x = \frac{1}{2}P$ $T = 24^k.71$. Or, la tension moyenne observée n'est que de $21^k,30$, cette différence ne peut provenir que de la diminution de résistance qu'éprouvent les roues de derrière On peut la calculer en supposant toujours la charge également répartie d'après l'équation.

$$21^k,30 = 300^k\left(\frac{0.04}{\sqrt{0.86}} + \frac{\rho'}{\sqrt{1.50}}\right) + 1^k.91.$$

et on trouve $\rho' = 0.026$. Ainsi la résistance pour l'avant-train étant représentée par 40, le serait pour l'arrière-train par 26 seulement. Nous n'attachons du reste aucune importance à ces chiffres, parce qu'ils dépendent de la répartition du chargement qui n'est qu'hypothétique dans les calculs ci-dessus.

Les expériences du n° 17 confirment, d'une manière encore plus frappante ce résultat remarquable de la diminution du tirage des roues de derrière. Ces expériences ont été faites avec une diligence de la Cie Lafitte et Caillard pesant 2280k vide et ayant des roues de 0. 14 de bande. En effet, dans cette expérience le tirage a été bien inférieur à celui du cabriolet, et même à celui du char à bancs, quoique les roues fussent à peu près de la même dimension que dans ce dernier. La différence est si considérable que nous croyons devoir en attribuer une partie à ce que le frottement à l'essieu, pour la diligence, était beaucoup moindre que le calcul ne le suppose. Les essieux étaient en effet enfermés dans des boites parfaitement exécutées. Quoi qu'il en soit, nous croyons qu'il n'en reste pas moins démontré que les roues de derrière d'une voiture à quatre roues éprouvent beaucoup moins de résistance que si elles n'étaient pas précédées par d'autres roues. C'est la seule conséquence que nous croyons devoir faire ressortir du petit nombre d'expériences que nous avons faites sur les voitures à quatre roues. Il eût été très-intéressant de rechercher la loi de cette diminution, d'après la répartition de la charge et le rapport des diamètres des roues, et cette recherche nous paraît de la plus haute importance pour l'industrie du roulage et des messageries, mais elle aurait exigé des appareils particuliers que nous n'aurions pu nous procurer qu'avec des frais assez considérables et une étude exclusive, que les occupations ordinaires de notre service ne nous permettaient pas de consacrer à ce genre d'observations. Nous avons donc été obligé d'y renoncer.

Nous ajouterons seulement une conjecture sur cette diminution du tirage des roues de derrière d'une voiture à quatre roues, qui nous paraît importante par les conséquences qu'elle pourrait avoir dans la législation du roulage. Puisque le tirage ou la résistance du terrain à la bande de la roue provient du travail fait par cette bande sur le sol de la route, cette diminution de tirage des voitures à quatre roues indique nécessairement une diminution de travail. Cette diminution de travail nous semble même s'expliquer facilement : les roues de l'arrière-train, entrant dans le frayé des roues de l'avant-train, trouvent une partie du travail fait par les premières roues et en profitent pour ainsi dire. Ce travail, qui n'est pas répété, doit donc diminuer le tirage. Il résulterait de cette hypothèse qu'un charriot à voies égales userait moins la route qu'un charriot à voies inégales, et que la faveur que la législation accorde à cette dernière espèce de transport ne serait pas toujours justifiée. Lorsque la chaussée est molle et désagrégée, le charriot à voies inégales offre des avantages incontestables, mais lorsqu'elle est dure et unie, le charriot à voies égales en présente d'autres dont la législation devrait tenir compte. Les tarifs de ces deux espèces de voitures devraient donc être modifiés suivant les saisons, de manière à favoriser tour à tour l'une et l'autre.

SURFACES DURES ET RABOTEUSES.

CHAUSSÉES PAVÉES.

Nous allons maintenant passer à l'examen des expériences faites sur les chaussées pavées ou surfaces dures et raboteuses. La propriété de ces surfaces, de donner un tirage variable avec la vitesse, a dû sensiblement altérer tous les résultats de ces expériences. On doit donc s'attendre à y trouver moins d'exactitude que sur les chaussées d'empierrement. En effet, toutes les fois que la résistance diminuait, il en résultait, quelque soin que l'on prît pour qu'il n'en fût pas ainsi, une accélération de vitesse qui empêchait le tirage de devenir aussi faible qu'il aurait dû être, si la vitesse était restée la même. Enfin, la rapidité des oscillations de l'aiguille rendait très-difficile l'observation de la position moyenne. Cette rapidité est telle que ce genre d'expériences devient impossible pour les grandes vitesses, parce que l'aiguille cesse d'être visible. C'est donc avec la plus grande défiance que nous donnons les expériences relatives au trot des voitures non suspendues.

Nous allons suivre, dans l'examen de ces expériences, l'ordre que nous avons suivi dans celui des expériences sur les chaussées d'empierrement. En adoptant la même marche pour la démonstration des propriétés correspondantes, nous serons dispensé de répéter les raisonnements et les calculs que nous avions cru nécessaires, la première fois, pour en justifier l'exactitude.

La vitesse augmente le tirage.

Cette propriété se reconnait immédiatement. En accélérant le mouvement, on voit l'aiguille de la romaine indiquer des tensions de plus en plus considérables. Nous n'avons pu étudier la loi de cette augmentation, parce qu'il était impossible d'obtenir de l'attelage dont nous nous servions une vitesse uniforme, et même de mesurer cette vitesse. Nous nous contenterons de dire, en présentant ici quelques-uns de nos résultats, que la vitesse que nous avons appelée pas, est la vitesse du roulage, et que celle que nous avons appelée trot, est à peu près double.

Nos DES SÉRIES.	COEFFICIENTS DES RÉSIST.	
	au pas.	au trot.
$(1)^p$ $(3)^p$	0,0242	0,0366
$(2)^p$ $(4)^p$	0,0348	0,0506

voitures non suspendues.

Dans ces expériences, le tirage pour le trot n'est guère qu'une fois et demie le tirage pour le pas ; il ne peut donc y avoir, tout au plus, qu'une fraction de cette résistance qui croisse comme le quarré de la vitesse. Il nous est du reste impossible, comme nous venons de le dire, d'établir des formules, même empiriques, pour représenter la relation qui existe entre la vitesse et le tirage ; nous nous contenterons d'examiner celles qu'on a données jusqu'à présent. Le seul résultat qui mérite de fixer l'attention, c'est que sur le pavage la moindre accélération de mouvement augmente le tirage et devient très-sensible dans nos expériences, tandis que sur l'empierrement il nous a toujours été impossible de remarquer la moindre différence de tirage pour les vitesses les plus différentes.

M. Navier, pages 50 et 51 de ses considérations sur la police du roulage, cite des expériences de M. Macneill, d'où il résulte que sur une chaussée d'empierrement d'une qualité moyenne, le tirage d'une diligence de 1404k est de,

pour une vitesse de 1 lieue par heure, 35k
2, 40 lieues. . 48
3, 20 52
4, 00 56

Certes, un accroissement aussi rapide, surtout dans les deux premiers termes, serait un fait bien remarquable. Nous sommes étonné que M. Navier, qui a fait lui-même quelques expériences sur le tirage, expériences dont nous parlerons plus tard, n'ait pas eu l'idée de le vérifier. Il faut remarquer que ces expériences portent sur une diligence, c'est-à-dire sur une voiture suspendue, et que M. Navier ajoute que les routes présentant en France plus d'irrégularités, on doit présumer que sur les routes françaises l'effort du tirage augmente encore plus rapidement avec la vitesse.

Hâtons-nous de dire d'abord que les expériences faites par M. Macneill, pour apprécier l'influence de la vitesse, ne s'étendent qu'aux trois derniers chiffres du tableau ci-dessus, et que M. Navier a cru à tort pouvoir y ajouter un quatrième terme, pris dans d'autres expériences de Macneill, faites avec une autre voiture, dont les roues étaient probablement différentes et peut-être sur un autre terrain. C'est là une de ces confusions qu'on rencontre à chaque instant dans les ouvrages sur le tirage des voitures, confusion qui amène les résultats les plus contradictoires. Bornées, comme elles doivent l'être, aux trois dernières vitesses, les expériences de M. Macneill nous paraissent plutôt confirmer que détruire les nôtres; on voit en effet qu'en passant de la vitesse 2^l, 40 à 4^l à l'heure, le tirage n'augmente que d'un huitième, ce qui peut être exact sur des chaussées *présentant une moyenne entre les parties les plus mauvaises et les plus perfectionnées*. Car, comme nous l'avons dit, nos expériences ont été faites sur des chaussées unies.

Arrivons maintenant à la formule établie par M. Macneill dans son interrogatoire, et que M. Navier a cru devoir reproduire, page 205. M. Macneill, auquel on demande quelle est l'influence de la vitesse sur le tirage, répond :

« La loi de l'augmentation de la résistance est un » objet très-compliqué, et d'après un grand nombre » d'expériences que j'ai faites, je crois avoir trouvé » cette loi. »

Or, voici cette loi :

$$P = \frac{W + w}{93} + \frac{w}{40} + CV$$

dans laquelle P exprime le tirage, W le poids du chariot, w la charge, V la vitesse en pieds par seconde, C une constante dépendant de la surface sur laquelle le chariot est tiré.

Cette loi, que M. Macneill trouve si compliquée, ne nous paraît à nous que bizarre. Le premier terme, évidemment destiné à exprimer la résistance provenant du sol, est affecté d'un coefficient qui est le même pour toutes espèces de routes, un quatre-vingt-trei-

zième. Or, ce coefficient est plus petit, moitié environ, que celui du second terme, qui, multiplié par la charge seule, exprime sans doute la résistance à l'essieu. Mais ce n'est rien encore; le troisième et dernier terme, qui constitue la loi que M. Macneill croit avoir trouvée, se compose simplement d'un coefficient variable avec la nature de la surface multiplié par la première puissance de la vitesse, et n'exprime, par conséquent, qu'une mesure linéaire. Ainsi le tirage donné par la formule, serait par ex. : 200 liv. et 60 pieds. Pour donner un sens à cette formule, il faut supposer que la constante C exprime un poids, mais alors il faut conclure que la vitesse a sur le tirage, une grande influence dans les petites charges, et une très-faible dans les grandes. Car le terme qui donne la mesure de cette influence ne varie pas avec la charge. De sorte qu'il serait à peu près indifférent de faire rouler une voiture vite ou lentement, pourvu qu'elle fût pesamment chargée. Ce résultat est tellement extraordinaire, que nous avions été tenté d'abord de supposer, dans le dernier terme, l'omission d'un facteur w ou V + w, mais l'examen des valeurs données par M. Macneill à la constante C, nous a convaincu que ce n'était point une omission de cet ingénieur, car le dernier terme eût alors exprimé un tirage plus considérable que la pression. Ces valeurs sont, en effet, des nombres entiers;
pour une surface de bois, 2
pour une route pavée, 2
pour un empierrement bien fait, 5 etc.

De sorte que le terme CV est lui-même un nombre entier, puisque la vitesse est ordinairement de plus d'un pied par seconde (M. Macneill dit que dans ses expériences elle était de $3^p, 7$); en multipliant CV par la charge on aurait un produit qui exprimerait sept ou huit fois cette charge pour une vîtesse peu considérable et pour une surface très-unie. Il faut donc laisser la formule avec toutes ses invraisemblances. Les valeurs de la constante C ne sont pas moins extraordinaires et ne choquent pas moins toutes les notions mécaniques; on voit, par celles que nous venons de citer, que le bois, surface unie, a une puissance retardatrice, par rapport à la vîtesse, plus grande que celle du pavé, et que celle-ci n'est pas la moitié de celle de l'empierrement uni. Mais nous en avons assez dit pour faire voir le degré de confiance que mérite cette formule, et nous n'en aurions pas fait un aussi long examen, si M. Navier ne lui avait donné, en la citant, une importance qu'elle ne devait pas avoir.

Ce savant ingénieur ajoute dans une note :

« La formule que présente ici M. Macneill paraît
» établie d'après les notions présentées dans le mé-
» moire sur les grandes routes, les chemins de fer,
» et les canaux de M. Gerstner. (Voyez page 30 de
» la traduction française). »

Or, en recourant à la page 40, et non pas à la page 30 de cet ouvrage, on trouve :

« que le tirage sur le pavé, sur les routes ordinaires,
» et pour des jantes de deux pouces, peut être ex-
» primé par

$$\frac{33 + 1.7\ V^2}{2121}\ Q$$

» que dans les terres, le sable et les pierrailles, la
» résistance est la même lorsque les voitures vont au

» pas et au trot. Ainsi, *la vitesse n'a pas d'influence sur* » *le tirage.* »

MM. Macneill et Gerstner sont donc au contraire en contradiction complette sur ce principe, et on voit que ce dernier se trouve d'accord avec nous. Ce n'est pas que nous regardions la formule de M. Gerstner comme présentant un grand intérêt; car quoique les termes en paraissent assez rationels, les chiffres ne sont basés que sur des expériences de Rumfort, expériences faites sur un chariot et où les vitesses ne sont désignées que par petit pas, grand pas, petit trot, grand trot; le chariot était-il suspendu? — ne l'était-il pas? — quelle fraction de la charge était suspendue? — c'est ce que nous ignorons, et c'est ce qu'il était essentiel de connaître pour établir une formule qui présentât quelqu'apparence d'exactitude, et une fois la formule trouvée, elle n'aurait certainement convenu ni à un autre chariot, ni, à plus forte raison, à une voiture à deux roues. Ainsi, quant à présent, relativement à l'influence de la vitesse sur le tirage, il n'y a que deux principes qui doivent être mis hors de discussion, savoir : que sur l'empierrement uni le tirage est indépendant de la vitesse, et qu'il augmente avec elle sur le pavé. — Quant à la mesure de cette augmentation, nous ne croyons pas qu'il ait encore été fait des expériences assez précises pour qu'on puisse établir une formule quelconque. — Au reste, comme nous allons le faire voir, les ressorts faisant disparaître presqu'entièrement cette influence, et les voitures traînées à cette allure étant toujours suspendues, cette recherche a plus d'importance théorique que pratique.

Le frottement à la bande de la roue sur les parties en pente est le même en montant qu'en descendant.

Il suffit, pour se convaincre de ce principe, de mettre en regard les tensions relatives aux mêmes poids dans ces deux circonstances, tensions réduites d'après la pente $T \pm PI$, nous choisissons les expériences (2)p, (7)p, (8)p.

POIDS.	PAVAGE BOUEUX. I = 0,015		PAVAGE BON ET SEC. I = 0,0125		PAVAGE BON ET SEC. I = 0,0125	
	Montant.	Descen.	Montant.	Descen.	Montant.	Descend.
1,200k	52k	54k	»	»	»	»
1,000	41	47	»	»	»	»
800	34	36	»	»	»	»
600	27	31	13k 50	15k 50	16k 50	20k 50
500	»	»	10, 75	13, 25	15, 75	17, 25
400	»	»	10, 00	10, 00	11, 00	13, 00
300	»	»	9, 25	8, 25	9, 25	10, 75
200	»	»	6, 50	6, 50	8, 50	7, 50
	154	168	50, 00	53, 50	61, 00	69, 00
Différ.	14k		3k50		8k	

Les légères différences s'expliquent suffisamment par toutes les causes d'erreur que nous avons énumérées, pour qu'elle ne laissent aucun doute sur le principe énoncé ci-dessus.

Le frottement à la bande des roues est indépendant de la pente du terrain.

Nous avons déjà dit que nous regardions ce principe comme une conséquence du précédent. On peut d'ailleurs, pour les chaussées pavées, le démontrer directement ; car on peut trouver la même surface placée, soit horizontalement soit sous des inclinaisons différentes. Le tableau général ne contient pas d'expérience faite avec les mêmes roues sur des pavages de même nature et d'inclinaison différente; mais il est facile, par le principe des diamètres que nous allons démontrer, de calculer le frottement de chaque voiture pour des roues de 1^m de diamètre, et de rendre ainsi les expériences comparables. On trouve ainsi dans les expériences $(7)^p$ et $(8)^p$ qu'un pavage d'une pente de 0, 0125 donnne un tirage de 0, 0251, et qu'un pavage de niveau un tirage de 0, 0253. Nous n'insisterons pas davantage sur cette propriété que la théorie démontre indépendamment de toute expérience.

La résistance à la bande de la roue est proportionnelle à la pression; autrement; le coefficient du frottement à la bande est indépendant de la pression.

En parcourant, dans le tableau général, la colonne qui donne, pour chaque expérience, les valeurs de $F + f'$, on trouvera la démonstration de ce principe. Les séries $(19)^p$ $(22)^p$ représentées dans la figure 2, sont aussi régulières que les séries d'expériences exécutées sur les empierrements. Les anomalies qu'on peut remarquer dans les chiffres d'une même série, sont dues à des changements de vitesse. Quant aux expériences sur le trot, les chiffres présentent d'assez grands écarts; ce n'est donc que par induction que nous pouvons supposer que le coefficient du tirage demeure proportionnel à la pression dans toutes les vitesses.

Le frottement à la bande est en raison inverse de la racine quarrée du diamètre de la roue.

Nous avons vu qu'il résultait de ce principe, qu'en multipliant les valeurs du frottement par les racines quarrées des diamètres, les produits devaient être égaux. Or, en faisant cette opération sur les chiffres des expériences faites avec des roues de même largeur de bande, on arrive aux résultats suivants :

DIAMÈTRES.	PAVAGE BOUEUX.			PAVAGE BON ET SEC.		
	Nos des séries.	F	$F\sqrt{D}$	Nos des séries.	F	$F\sqrt{D}$
0,m76	(2)	0,0348	0,0303	»	»	»
0, 91	»	»	»	(8)	0,0259	0,0247
1, 35	»	»	»	(7)	0,0216	0,0251
1, 48	»	»	»	(9)	0,0208	0,0253
1, 82	(1)	0,0242	0,0326	»	»	»

Les produits des colonnes $F\sqrt{D}$ ne présentent, comme on le voit, que de légères différences, qui peuvent être attribuées aux inexactitudes des expériences. Le principe énoncé plus haut a donc lieu sur les chaussées pavées comme sur les chaussées d'empierrement.

La largeur de la bande diminue le frottement ; la relation entre ces deux quantités peut être représentée par une équation de la forme $F = a + \frac{b}{c + l}$

En comparant les expériences du tableau général faites avec des largeurs de bandes différentes sur des pavés de même nature, on obtient le tableau suivant :

LARGEURS DE BANDES.	TIRAGES CORRESPONDANTS.	TIRAGES MOYENS.
0^m 05	0,0251 (7)^r 0,0247(8)^r 0,0253(9)^r	0,0250
0, 075	0.021 (17)^r 0,0224(21)^r	0,0217
0, 11	0,0182 (20)^r »	0,0182
0, 14	0,0199(e) (16)^r 0,0154 (22)^r	0,0176
0, 17	0,0162 (18)^r	0,0162
0, 17rondes.	0,0168 (5)^r 0,0189 (19)^r	0,0178

On voit que le tirage diminue sensiblement quand la largeur de la bande augmente ; car depuis la largeur de 0^m, 05 jusqu'à celle de 0^m, 17 le frottement diminue de 25 à 16, en passant par les valeurs intermédiaires. On voit aussi, par la dernière ligne du tableau, que la bande, en s'arrondissant, augmente le frottement, ce qui doit être, parce qu'alors elle perd de sa largeur.

Si maintenant, pour étudier la relation qui existe entre le frottement et la largeur de la bande, on représente graphiquement les résultats ci-dessus (fig. 3), en prenant les largeurs de bandes pour abscisses et les frottements pour ordonnées, on trouve que cette courbe doit appartenir au genre de l'hyperbole ; les ordonnées décroissent rapidement et semblent ensuite s'approcher d'une valeur constante. Ce fait, que nous essaierons d'expliquer tout à l'heure étant admis, on

(e) Nous avons déjà dit qu'on devait attribuer au balottement des roues de cette voiture une grande partie du tirage. L'anomalie qu'elle présente dans cette nouvelle série d'expériences confirme nos conjectures. Nous avons d'ailleurs repété l'expérience avec une autre voiture et nous avons trouvé comme on le voit un tirage beaucoup plus faible.

peut essayer de représenter cette courbe par une équation de la forme :

$$y = a + \frac{b}{c + x}$$

En effet, si on donne aux constantes les valeurs suivantes : a = 0, 0118 b = 0, 0009 c = 0, 02, on trouve que l'équation :

$$y = 0,0118 + \frac{0.0009}{L + 0.02}$$

représente assez exactement le résultat des expériences, comme le font voir la fig. 3 et le tableau suivant.

LARGEURS des bandes.	COEFFICIENTS DES TIRAGES.	
	observés.	calculés.
0,m05	0,025	0,0247
0, 075	0,0217	0,0216
0, 11	0,0182	0,0187
0, 14	0,0176	0.0174
0, 17	0,0162	0,0165

Quelque soit l'exactitude de la formule que nous venons d'établir, on ne peut la regarder comme représentant la loi exacte de la relation de la largeur de la bande et du frottement, qu'entre les limites des expériences 0m, 05 et 0m, 17, jusqu'à ce que de nouvelles expériences aient permis de l'étendre plus loin. On sent d'ailleurs que les valeurs que nous avons données aux constantes doivent changer avec la nature, les dimensions, et même la disposition du pavé. Celles que nous avons adoptées conviennent à des chaussées pavées en bon état, dont les pavés ont 0m, 20 de côté, et dont les rangées sont perpendiculaires à la direction du mouvement.

De cette propriété de la largeur de la bande, il en résulte que l'expression du tirage est plus compliquée sur le pavé que sur l'empierrement. Sur cette dernière surface une seule constante suffisait pour calculer la valeur du frottement à la bande, dans toutes les circonstances; sur les chaussées pavées, il en faut trois, comme nous venons de le voir; enfin, sur les chaussées d'empierrement, l'expression du frottement est indépendante de la largeur de la bande, tandis que sur les chaussées pavées cette largeur a une influence bien sensible, qu'il n'est pas permis de négliger. En résumé, nous adopterons pour expression du frottement sur le pavé, d'une roue d'un diamètre D et d'une largeur de bande L

$$\frac{0,0118 + \frac{0,0009}{L + 0,02}}{\sqrt{D}}$$

Il ne faudrait pas voir dans les deux propriétés du tirage, d'être sur le pavé proportionel à la pression et diminué par la largeur de la bande, une contradiction avec la démonstration théorique que nous avons donnée de la relation qui existe entre les propriétés du tirage d'être sur l'empierrement proportionel à la pression et indépendant de la largeur de la bande. Le tirage sur le pavé dépend non seulement de la réaction moléculaire des surfaces en contact, qui est, comme on le verra plus tard, la cause générale du frottement de seconde espèce, mais d'une suite de chocs occasionnés par les oscillations verticales du centre de gravité. On peut se représenter, en effet, la surface du pavé comme formée d'une série de pyramides quadrangulaires très-applaties, juxta-posées dans un ordre régulier (fig. 7). Le chemin parcouru par le centre de gravité de la roue sur une pareille surface dépendra évidemment de la largeur de la bande ; si elle est nulle, ce chemin sera une ligne brisée, parallèle à la coupe verticale de cette surface, et à mesure que la largeur de la bande augmentera, la roue pénétrant moins avant dans l'angle formé par les faces inclinées de deux pavés contigus, ce chemin s'approchera de la ligne horizontale passant par les sommets de tous les angles de cette première ligne. En admettant cette explication, il est facile de se rendre compte de la manière dont la largeur de la bande peut diminuer le tirage, et on voit qu'il n'y a aucune analogie avec ce qui se passe sur l'empierrement, à moins que la largeur de la bande devienne considérable, parce qu'alors l'influence des inégalités et des aspérités du pavé disparait presque complètement.

La suspension de la voiture diminue d'autant plus le tirage qu'elle est plus complette et que la vitesse est plus considérable.

Une voiture suspendue ne l'est jamais entièrement. La partie non suspendue est la plus considérable possible, par rapport au poids total lorsque la voiture est vide, et diminue à mesure qu'on charge la partie suspendue. De sorte que si le principe énoncé est vrai, le coefficient du tirage, dans nos expériences, doit diminuer quand les poids augmentent, et cette diminution doit être d'autant plus sensible que la vitesse est plus considérable. Or, c'est ce qui nous semble ressortir des expériences suivantes.

POIDS	COEFFICIENTS DES TIRAGES			
	Cabriolet		Char-à-bancs.	
	(9)e pas	(10)e trot	(11)e pas.	(12)e trot
400k	0,0259	0,0434	0,0339	0,0514
500	0,0267	0,0367	0,0341	0,0414
600	0,0240	0,0323	0,0292	0,0359
700	0,0220	0,0277	0,0293	0,0294

Tandis qu'au pas le tirage ne varie que de 26 à 22, de 34 à 29; au trot il descend de 43 à 28, de 51 à 29, en chargeant la voiture de poids plus considérables, ou, ce qui revient au même, en augmentant le rapport de la partie suspendue au poids total. Dans les expériences suivantes cet effet est moins sensible, parce que la diligence qui a servi aux expériences était, même à vide, une voiture bien suspendue, tandis que le cabriolet et le char-à-bancs des expériences ci-dessus, pouvaient presque être considérés, à vide, comme des voitures non suspendues.

POIDS	GRANDE DILIGENCE	
	COEFFICIENTS DES TIRAGES	
	(15)e pas	(16)e trot
2,300k	0,0185	0,023
2,700	0,0161	0,0213
3,400	0,0157	0,0205
3,500	0,0158	0,0207
3,700	0,0163	0,0199

Le tirage qui descendait de 51 à 29, ne descend plus que de 23 à 20 quand on augmente la charge. On voit même que l'influence des ressorts sur le tirage peut être telle qu'elle fasse disparaitre celle de la vitesse. Nous avons remarqué, tout à l'heure, que pour des voitures non suspendues le trot faisait passer le tirage de 24 à 36 et de 34 à 50 ; ici le tirage n'augmente plus que dans le rapport de 16 à 20. L'ensemble des expériences (11)ᵖ, (12)ᵖ, (13)ᵖ et (14)ᵖ, faites avec un char-à-bancs, où on pouvait à volonté placer les poids sur la partie suspendue de la voiture, confirme encore ce que nous venons de dire. Nous ne nous y arrêterons pas davantage ; nous ferons seulement observer que le rapport du frottement à la pression n'étant plus constant, les moyennes qui terminent les séries d'expériences faites au trot même avec des voitures suspendues, ne sont plus aussi exactes.

Voitures à quatre roues.

Les expériences sur ces voitures sont trop peu nombreuses, et se compliquent tellement par l'effet des ressorts, que nous n'essaierons pas d'en tirer des conséquences quant à l'effet du nombre des roues sur le tirage. Cependant nous croyons devoir faire remarquer que, de la comparaison des expériences $(9)^p$ et $(13)^p$, il semblerait résulter que le nombre des roues ne diminue pas le tirage ; car en faisant un calcul semblable à celui que nous avons fait pour les chaussées d'empierrement, on trouve que la voiture à quatre roues de l'expérience $(13)^p$ n'aurait dû donner que 16^k, 33 de tirage pour 600^k de pression, tandis qu'elle en donne au contraire 18^k,20. Ainsi ces deux expériences tendraient plutôt à faire croire que le nombre des roues, loin de diminuer le tirage, l'augmente plutôt. L'expérience (15)e, faite il est vrai avec une voiture bien suspendue, conduit à une conclusion contraire, car la largeur de bande des roues étant de $0^m, 13$, le coefficient du tirage, d'après la loi que nous avons posée plus haut, devrait être de 0, 018. Or, en supposant que toute la charge ait porté sur les roues de derrière, ce coefficient ne se réduit encore qu'à la fraction $\frac{0,018}{\sqrt{1,50}} = 0,0147$, et l'expérience ne donne pour cette même valeur que 0, 0095, tandis qu'il est bien constant qu'une partie de la charge porte sur les roues de devant. Le peu de frottement de l'essieu, enfermé dans les boites bien graissées, quelque petit qu'on le suppose, ne suffit pas pour expliquer ce résultat. Nous ne pouvons donc en chercher la cause que dans la construction de la voiture et particulièrement dans la suspension. Pour concilier ce que ces deux expériences peuvent présenter de contradictoire, il faut donc admettre que le nombre des roues ne dimiue le frottement sur les chaussées pavées, que lorsque les voitures sont suspendues.

SURFACES MOLLES, IRRÉGULIÈRES, RABOTEUSES.

TERRAINS SABLONNEUX, CHAUSSÉES ROUAGÉES, ETC.

Nous n'avons pu étudier directement les propriétés de ces surfaces, parce que la nature de nos expériences exigeait une certaine longueur de chemin à parcourir, d'un tirage uniforme. Or il est impossible de trouver sur des chaussées molles, détrempées, désagrégées, rouagées, cette uniformité indispensable, pour pouvoir apprécier la position moyenne de l'aiguille de la romaine. Le tableau général contient cependant quelques séries d'expériences sur des surfaces molles, comme la terre et le sable, nous n'avons trouvé, quant à leurs propriétés, d'autre différence avec les chaussées d'empierrement, qu'une intensité de tirage plus considérable. Mais, quant aux chaussées rouagées et raboteuses, il nous semble qu'il est facile de déduire leurs propriétés en combinant celles des chaussées unies avec celles des chaussées pavées. Car ces dernières nous ont fait connaître l'influence des aspérités sur le tirage. Ainsi nous croyons devoir admettre que sur ces chaussées, comme sur toutes les autres, le tirage est toujours proportionnel à la pression et en raison inverse de la racine quarrée du diamètre; mais que plus elles sont raboteuses, plus la vitesse augmente le tirage, plus au contraire l'influence de la largeur de la bande de la roue, et celle des ressorts, pour le diminuer sont considérables. Il nous a semblé d'ailleurs que les chiffres qui auraient donné le tirage sur ces chaussées eussent été sans intérêt, parce qu'il aurait fallu pouvoir définir parfaitement la nature des surfaces qui correspondait aux tirages observés, ce qui nous paraît impossible, et que d'ailleurs ces chaussées ne doivent être considérées que comme des exceptions sur lesquelles on ne peut baser des calculs. Lorsqu'on évalue la puissance d'une machine, on la suppose toujours en bon état, sauf à avoir égard aux frais d'entretien qu'elle peut exiger pour être toujours maintenue en cet état.

SURFACES DURES ET UNIES.

(fer, bois, etc.)

LOIS DU FROTTEMENT DES CORPS ROULANTS, DIT FROTTEMENT DE SECONDE ESPÈCE.

Les expériences qui vont suivre sont d'un genre tout-à-fait différent des premières ; ici, comme nous l'avons dit, l'appréciation des résultats ne laisse plus aucune prise à l'arbitraire de l'observateur, et si des causes particulières viennent encore en altérer l'exactitude, c'est dans des limites assez étroites pour qu'il ne reste aucun doute sur les conséquences qu'on peut en tirer. Peut-être aurions-nous dû commencer par l'examen de ces expériences, comme ayant un caractère plus général, et pouvant servir de base à la théorie du frottement des corps roulants, dit frottement de seconde espèce, dont les voitures ordinaires ne sont qu'un cas particulier. Cet ordre, plus logique, eût pu nous dispenser de la démonstration de certains résultats qui découlent naturellement de cette théorie ; mais nous avons cru que, dans un sujet aussi nouveau et aussi controversé, une démonstration expérimentale et une démonstration théorique n'étaient pas toujours une répétition inutile, c'est ce qui nous a déterminé à conserver l'ordre que nous avions suivi dans nos recherches.

Avant d'exposer le résultat de ces expériences, nous croyons devoir entrer dans quelques considérations générales sur le frottement de seconde espèce, dont on s'est peu occupé jusqu'à présent, soit pour en donner la théorie, soit pour en déterminer l'intensité.

Supposons qu'un corps d'un poids P soit en équilibre sur un plan horizontal (fig. 8), il est clair qu'autour du point de contact M, il se produit une réaction des molécules du plan et du corps, telle que leur résultante est précisément égale au poids P du corps, et dirigée suivant la normale M G, passant par le centre de gravité. Appliquons maintenant à un point quelconque O de cette normale un' force T, parallèle au plan; faisons successivement croitre cette force depuis zéro, et voyons ce qui va arriver. Il est bien entendu que nous supposons le corps et le plan ni parfaitement durs, ni parfaitement élastiques. Or, c'est un fait d'expérience bien connu, et dont il est d'ailleurs bien facile de se rendre compte, que, dans ce cas, la force T pourra croitre jusqu'à une certaine intensité, sans troubler l'équilibre (*f*). A mesure que cette force T croit, la résultante S de cette force et du poids P vient successivemant occuper les positions O m', O m".. O m en s'écartant de la normale OM, d'où il suit, puisque l'équilibre a toujours lieu, que la résultante des réactions moléculaires est aussi dirigée suivant la ligne m'O .. m"O .. m O. Ainsi la force T a pour effet de changer la direction de la résultante des réactions moléculaires, et de déplacer son point d'application en le portant en avant.

Soient : F la composante horizontale de ces réac-

(*f*) L'effet de cette force T est évidemment de comprimer les molécules situées en avant du point de contact M et si le corps était parfaitement élastique, la détente des molécules situées en arrière ferait équilibre à cette compression, et le corps obéissant à la force T se mettrait en mouvement; mais il n'en est pas ainsi, et cette compression plus grande en avant qu'en arrière donne naissance à une force qui n'est plus verticale, dont le point d'application est en avant du point de contact et dont la composante horizontale fait équilibre à la force T.

tions, nécessairement égale à T, δ la distance Mm du point de contact à la composante verticale nécessairement égale à P, R la hauteur OM de la force tirante au-dessus du plan, tant que l'équilibre subsistera nous aurons :

$$F : \delta :: P : R$$

d'où

$$F = P \frac{\delta}{R}$$

Ainsi tant que le corps reste en équilibre, il peut être considéré comme retenu par deux forces appliquées à une distance δ du point de contact, l'une horizontale $F = P \frac{\delta}{R}$, l'autre verticale — P. La force horizontale est le frottement de première espèce, la force verticale est le frottement de seconde espèce. C'est une distinction qu'il était essentiel d'établir, et qui nous paraîtrait devoir fournir une dénomination plus juste et moins arbitraire de ces deux espèces de résistances. La première devrait s'appeler frottement tangentiel, et la seconde frottement normal. Nous aurons occasion, tout-à-l'heure, de citer des expériences dans lesquelles on a confondu ces deux espèces de résistances, parce qu'on a cru, sans doute, que toutes deux avaient la même direction :

Supposons maintenant que la force T ayant pris une certaine intensité, le mouvement commence; appelons M la masse du corps,

K le moment d'inertie,

v la vitesse de translation du centre de gravité,

v_0 cette vitesse initiale,

w la vitesse angulaire autour du centre de gravité,

w_0 cette vitesse initiale,
u la vitesse angulaire par rapport à M,
s l'espace parcouru par le centre de gravité,
σ l'espace parcouru par le point situé à l'unité de distance de G,
r la hauteur du centre de gravité au dessus du plan,

Pour établir les équations du mouvement, il suffira de remarquer que le centre de gravité va se mouvoir comme si toutes les forces y étaient transportées et le corps tourner autour de ce point comme s'il était fixe, on aura donc :

$$M\, v^2 - M\, v_0^2 = 2\,(T - F)\, s$$

$$K\, w^2 - K\, w_0^2 = 2\Big(F\, r - P\, \delta + (R - r)\, T\Big)\, \sigma$$

Cherchons maintenant les conditions pour qu'il n'y ait pas de glissement au point M, c'est-à-dire, qu'il n'y ait qu'un développement de la surface sur le plan. Il est clair que pour remplir cette condition, il faudra que la vitesse de translation de ce point soit égale à sa vitesse de rotation et comme ces deux vitesses ont lieu en sens contraire, sa vitesse absolue devra être nulle, l'axe instantané de rotation passera donc par le point M. Ainsi on pourra avoir l'équation du mouvement en posant :

$$v = w \qquad v_0 = w_0 \qquad s = r\, \sigma$$

ce qui donnera :

$$\frac{K}{r^2}\,(v^2 - v_0^2) = 2\, s\left(F - P\,\frac{\delta}{r} + \left(\frac{R}{r} - 1\right) T\right)$$

Pour que cette équation puisse subsister avec la première il faut qu'on ait :

$$F = \frac{\left(K - M r^2 \left(\frac{R}{r} - 1\right)\right) T + M r^2 P \frac{\delta}{r}}{K + M r^2}$$

Ainsi pour qu'il y ait développement sans glissement, il faut que cette valeur soit satisfaite il faut que la composante horizontale, dirigée suivant MF retienne le corps avec une intensité déterminée par l'équation cidessus. Or c'est ce qui arrive par l'effet du frottement de première espèce toutes les fois du moins que la valeur de F ne dépasse pas son intensité maximum F'P ; condition qu'on peut exprimer de la manière suivante :

$$\frac{\left(K - M r^2 \left(\frac{R}{r} - 1\right)\right) T + M r^2 P \frac{\delta}{r}}{K + M r^2} < F' P$$

Lorsque cette inégalité est satisfaite, on peut éliminer la valeur de F entre les équations du mouvement de translation et du mouvement de rotation et il vient :

$$M v^2 - M v_o^2 = 2 \frac{M r^2}{K + M r^2} \left(\frac{R}{r} T - P \frac{\delta}{r}\right) s$$

On peut d'ailleurs poser directement cette équation d'après la remarque que nous avons faite que l'axe instantané de rotation passe au point M, il suffit d'observer que la distance à cet axe de la force retardatrice horizontale n'étant que le sinus verse de δ dans le cercle osculateur, la vitesse horizontale du point d'application est sensiblement nulle ; tandis que sa vitesse verticale est proportionelle à δ; le frottement de seconde espèce ou frottement normal est donc le seul qui doive rester dans l'équation, il vient alors d'après les notations convenues :

$$(K + M r^2)\, u\, d\, u = (T R - P \delta)\, \frac{d s}{r}$$

Or $v = r\, u$ par conséquent

$$M v^2 - M v_0^2 = 2 \frac{M r^2}{K + M r^2} \left(\frac{R}{r} T - P \frac{\delta}{r} \right) s$$

équation absolument semblable à celle que nous avons posée ci-dessus.

Lorsque la valeur de F' dépasse F'P le mouvement change de nature, car le frottement de première espèce ne peut dépasser cette valeur, il reste constant quelque soit T et les deux équations qui détermineraient le mouvement de rotation et de translation seraient :

$$M v^2 - M v_0^2 = 2 (T - F' P)\, s$$

$$K w^2 - K w_0^2 = 2 \Big(F' P r - P \delta + T (R - r) \Big)\, \sigma$$

Ces équations n'ont du reste lieu pour un corps quelconque qu'au commencement du mouvement ; si on voulait suivre le corps dans toutes les positions qu'il peut prendre il faudrait avoir égard au déplacement du centre de gravité qui, lorsqu'il ne se trouve plus sur la normale, accélère ou retarde le mouvement de rotation. La recherche des circonstances de ce mouvement serait ici sans objet. Ce que nous avons voulu établir surtout, c'est que dans le mouvement de rotation d'un corps sur un plan il existe nécessairement en avant du point de contact une force inclinée en sens inverse du mouvement, dont la composante horizontale dépend de la force qui tire jusqu'à une certaine limite et dont la composante verticale est toujours égale au poids du corps. La composante horizontale est le frottement de première espèce que nous avons proposé de nommer frottement tangentiel, la composante verticale est le frottement de seconde espèce ou frottement normal.

Ainsi il y a entre ces deux espèces de résistances trois distinctions essentielles à établir, sous le rapport de leur direction, de leur point d'application et de leur intensité.

Les directions sont comme on vient de le voir, perpendiculaires entre elles; le frottement de première espèce est dirigé suivant la tangente, le frotte- de seconde espèce parallèlement à la normale.

Le point d'application est le même puisque ce sont deux composantes d'une même force; cependant on doit remarquer que pour le frottement de première espèce on peut, sans erreur sensible le confondre avec le point de contact, parce que la distance de ce point à la direction de cette force est un infiniment petit du second ordre par rapport à celle du frottement de seconde espèce. La distance de cette force au point de contact est au contraire une quantité finie pour chaque corps, qu'il n'est pas permis de négliger.

L'intensité du frottement de première espèce peut varier depuis zéro jusqu'à une certaine limite F'P, lorsque le corps roule sans glisser; et reste constamment égale à cette quantité lorsque le corps glisse en roulant. L'intensité du frottement de seconde espèce est au contraire toujours constante et égale à la pression du corps sur le plan.

Ici nous devons dire, que par analogie avec le frottement de première espèce, on désigne ordinairement par frottement de seconde espèce, la force nécessaire pour faire rouler un corps sur un plan avec une vitesse uniforme et égale à celle de la puissance, cette convention qui a son origine dans l'usage où l'on est de ne considérer le frottement de seconde espèce que dans le cas particulier d'une sphère ou d'un cylindre roulant sur un plan par l'effet d'une force appliquée à leurs centres n'est pas rationelle dans le cas général, c'est la quantité que nous avons appelée δ qui mesure réellement l'énergie de la résistance à la rotation des surfaces en contact et qui devrait par conséquent en servir de mesure. Il résulte de cette convention que certains résultats sont exprimés dans des termes complétement inexacts. Ainsi nous avons déjà dit, et tout à l'heure nous allons généraliser ce principe, que le frottement à la bande des roues est en raison inverse de la racine quarrée du diamètre; en raison directe eut été plus exact, car si on a pour deux paires de roues:

$$T\ R = P\ \delta \qquad T'\ R' = P\ \delta'$$

et

$$T : T' :: \sqrt{R'} : \sqrt{R}$$

on aura :

$$\delta : \delta' :: \sqrt{R} : \sqrt{R'}$$

c'est-à-dire que le moment du frottement de seconde espèce augmente, comme la racine quarrée du rayon; si dans les voitures l'effet produit est au contraire en raison inverse, c'est qu'en augmentant le rayon on augmente en même temps le bras de levier de la puissance précisément en raison directe de ce rayon.

Après avoir signalé ce que les dénominations usuelles ont d'inexact, nous continuerons cependant à les employer pour être mieux compris; l'explication que nous venons de donner suffira pour fixer le sens s expressions dont nous nous servirons dorénavant pour désigner ces deux espèces de résistances.

Passons au cas où la force tirante est appliquée au centre de gravité et où la section du corps qui passe par cette force et le point de contact est un cercle dont le centre de gravité occupe le centre, les équations générales du mouvement se reduisent alors à :

$$M v^2 - M v_0^2 = 2 (T - F) s \quad (1)$$

$$K w^2 - K w_0^2 = 2 (F r - P \delta) \sigma \quad (2)$$

et dans le cas où il y a rotation sans glissement on a, pour équation du mouvement du centre de gravité :

$$M v^2 - M v_0^2 = 2 \frac{M r^2}{K + M r^2} \left(T - P \frac{\delta}{r} \right) s \ (3)$$

et pour condition :

$$F = \frac{K T + M r^2 \frac{\delta}{r} P}{K + M r^2}$$

Ainsi avant de chercher l'équation du mouvement du corps il faut vérifier si la valeur de F tirée de l'équation ci-dessus n'est pas plus grande que l'intensité du frottement de première espèce, car si elle était plus grande il faudrait comme nous l'avons déjà dit mettre dans les premières équations la valeur de F ' P et déterminer séparément les deux mouvemens. Supposons qu'il s'agisse du mouvement d'un cylindre sur un plan incliné, on a dans cette supposition :

$$K = \frac{1}{2} M r^2 \qquad T = p \sin I \qquad P = p \cos I$$

$$F = \left(\frac{1}{3} \sin I + \frac{2}{3} \frac{\delta}{r} \cos I \right) p$$

Si on veut trouver l'angle à partir duquel le cylindre

va commencer à glisser en roulant il suffira de poser $F = F' p \cos I$ ce qui donnera :

$$\tang I = 3 F' - 2 \frac{\delta}{r}$$

Ainsi toutes les fois que l'inclinaison du plan sera triple de celle du frottement de première espèce il y aura nécessairement glissement d'un cylindre quelconque, quelque grand que soit son rayon, il est bien entendu du reste que ce rayon ne doit pas être assez petit pour qu'on ait :

$$F' P r = P \delta \qquad F' = \frac{\delta}{r}$$

car alors il n'y a plus de rotation comme le fait voir l'équation (2).

Il est d'ailleurs facile de se représenter toutes les circonstances de ce mouvement, en supposant (fig. 9) qu'un cordon soit enroulé autour du corps de manière à se dérouler par l'effet du mouvement, et que ce cordon soit tendu horizontalement au moyen d'une poulie de renvoi par un poids F'P qui repose sur un plan. Ce cordon pourra tenir lieu du frottement de première espèce. Un second cordon, tendu verticalement par un poids P, passant aussi sur une poulie de renvoi, sera supposé enroulé sur un cercle concentrique au premier, dont le rayon est δ. Ce cordon jouera le rôle du frottement de seconde espèce. Ces deux liaisons remplacent complettement l'effet du plan horizontal. On voit que tant que la force T ne soulèvera pas le poids F'P, la perte de force vive ne proviendra que de l'ascension du poids P ; il n'y aura, suivant M F, qu'une tension qui imprimera au corps une vitesse de rotation suffisante pour dérouler le cordon. Cette tension devra donc croître avec la force T ; mais une fois que cette tension devient égale à F'P elle ne peut plus croître, et si la force T augmente, le poids F'P est soulevé, et il y a perte de force vive par suite du frottement de première espèce. On voit enfin que si on avait $F'P \times r = P \times \delta$, il n'y aurait pas de mouvement de rotation.

Nous avons cru nécessaire de nous arrêter sur le cas particulier du mouvement d'un cylindre roulant sur un plan, parce que c'est sur l'observation de ce mouvement que sont basées les expériences que nous avons faites pour déterminer l'intensité du frottement de seconde espèce et en étudier les propriétés. Elles peuvent s'en déduire très-simplement, comme on va le voir.

Supposons qu'un cylindre, après avoir roulé sur un plan incliné dont la pente est telle qu'en appelant h sa hauteur et b sa base, on ait :

$$\frac{h}{b} < 3\,F' - 2\,\frac{\delta}{r}$$

et dont la nature soit telle aussi que

$$F' > \frac{\delta}{r}$$

Supposons que ce cylindre continue à rouler sur un plan horizontal, l'équation de son mouvement sur le plan incliné sera :

$$M\,v^2 = 2\,\frac{M\,r^2}{K + M\,r^2}\,P\left(\frac{h}{b} - \frac{\delta}{r}\right)s$$

sur le plan horizontal :

$$M\,v^2 - M\,v_0^2 = 2\,\frac{M\,r^2}{K + M\,r^2}\,P\left(-\frac{\delta}{r}\right)(s - b)$$

mettant dans cette dernière équation, pour $M v_0^2$ sa valeur tirée de la première, il vient :

$$M v^2 = 2 \frac{M r^2}{K + M r^2} \left(h - \frac{\delta}{r} s \right)$$

Si on mesure le chemin parcouru S lorsque le corps s'arrête, on aura la relation :

$$\frac{\delta}{r} = \frac{h}{S}$$

qui nous fera connaître la manière dont δ varie avec les diverses circonstances de poids, de surface et de rayon.

Voici comment, dans nos expériences, nous avons réalisé l'hypothèse que nous avons faite dans ces calculs. Un madrier était dressé suivant le profil indiqué par la figure 4; c'était une ligne droite horizontale, terminée à ses deux extrémités par deux lignes inclinées de même hauteur. Les angles de ces lignes, avec la ligue horizontale, étaient raccordés par des arcs de cercle d'un assez grand rayon. Il est clair que si, du sommet d'un de ces plans, on laisse rouler un cylindre, il parcourra la ligne droite, ira remonter sur le plan opposé, et reviendra vers l'origine, un peu au-dessous du sommet du plan, d'où il recommencera une nouvelle course, jusqu'à ce que la résistance qu'oppose la surface ait détruit toute la vitesse acquise par la chute. On voit facilement que le chemin, ainsi parcouru, sera le même que si le plan avait été prolongé indéfiniment, et que, par conséquent, cette disposition n'a d'autre but que de rendre les expériences plus faciles et plus comparables entre elles; car si le chemin avait eu une certaine longueur, il eût été difficile de s'assurer de l'homogénéité parfaite de la nature de la surface, de sorte que les cylindres qui n'en auraient parcouru qu'une partie n'eussent peut être pas éprouvé une résistance proportionnelle à la longueur parcourue.

Cette disposition permet aussi de rectifier le défaut d'horizontalité du plan, en faisant l'expérience dans les deux sens et prenant la moyenne des chemins parcourus. Quant au mode d'observation il est très simple: la face verticale du madrier porte des divisions qui partent du milieu du chemin et vont vers les extrémités, il suffit donc de noter à chaque demie course la division que le cylindre vient couvrir et d'ajouter ensemble toutes les longueurs trouvées. Les erreurs de lecture ne peuvent être que très-légères en comparaison du chemin parcouru; d'abord l'observation se fait au moment où elle est très-facile, au moment où le cylindre étant immobile va commencer à retrograder et ensuite on peut corriger ces légères erreurs par le calcul. Car ayant une valeur approchée de la résistance, il est facile d'en déduire la hauteur à laquelle le cylindre doit s'élever à chaque course et par conséquent la division qu'il doit atteindre, d'où on déduira une nouvelle longueur de chemin parcouru, et par suite une nouvelle valeur plus exacte de la résistance au roulement des deux surfaces.

Il est nécessaire d'observer que les diamètres des cylindres et l'inclinaison des tangentes des courbes de raccordement satisfont aux conditions posées ci-dessus pour qu'il n'y ait pas de glissement et que les longueurs sont comptées sur une horisontale, comme le suppose le calcul.

Les équations ci-dessus supposent que la résistance est indépendante de la vitesse, on vérifie immédiatement cette hypothèse en laissant rouler un cylindre de diverses hauteurs, on trouve alors que les espaces quoique parcourus avec des vitesses très-différentes sont rigoureusement proportionnels aux hauteurs. Il est aussi facile de reconnaitre que la résistance est proportionnelle à la la pression et indépendante de la largeur du contact; car des cylindres longs ou courts, pleins ou évidés, en général des solides de révolution à surface convexe, parcourent, en tombant de hauteurs égales, des espaces égaux; pourvu qu'ils soient de même rayon et de même nature.

Ainsi se trouvent étendues au frottement de seconde espèce, les propriétés du frottement de première espèce: d'être proportionnel à la pression, indépendant de la vitesse et de la largeur du contact, et variable avec la nature des surfaces. Reste à trouver la relation qui existe entre le diamètre du cylindre et la résistance qu'éprouve sa surface en se développant, relation qui peut être considérée comme la base de la théorie des corps roulants.

Pour cela, nous avons laissé tomber des cylindres de diamètres différents sur des plans inclinés de même hauteur et appliquant aux espaces parcourus les calculs qui précèdent, nous avons trouvé les résultats du tableau suivant. Ils mettent en évidence la loi que nous avions déjà trouvée dans notre premier système d'expérimentation.

NATURE DES SURFACES.	D DIAMÈTRES.	$\sqrt{D}$ RACINES quarrées des diamètres.	S ESPACES parcourus.	$\frac{\delta}{r}=\frac{h}{s}=\frac{005}{s}$ RÉSISTANCE éprouvée pour le diamètre D.	$\rho=\frac{\delta}{r}\sqrt{D}$ RÉSISTANCE éprouvée pour 1 m. de diamèt.
Cylindres de bois sur un chemin de bois.	0,m0625	0,m250	8,m43	0, 00593	0, 00148
	0. 0435	0, 208	6, 49	0, 00785	0, 00163
	0, 0312	0, 177	6, 10	0, 00836	0, 00143
	0, 0225	0, 150	5, 06	0, 00990	0. 00148
	0, 0162	0, 127	3, 83	0, 01305	0, 00166
	0, 0127	0, 113	3, 72	0, 01344	0, 00152
	0, 0075	0, 086	2, 50	0, 02000	0, 00172
	0, 0060	0, 077	2, 22	0, 02252	0, 00173
			Moyenne.		0, 00159
Cylindres de fer sur un chemin de bois. Le bois était humide.	0,m0600	0,m245	8,m36	0, 0060	0, 00147
	0, 0470	0, 216	7, 65	0, 0065	0, 00140
	0, 0340	0, 184	6, 37	0, 0078	0, 00145
	0, 0260	0, 161	5, 29	0, 0094	0, 00152
	0, 0170	0, 130	4, 42	0, 0113	0, 00147
	0, 0105	0, 102	3, 72	0, 0134	0, 00137
	0, 0075	0, 086	3, 20	0, 0156 (g)	0, 00134
			Moyenne.		0, 00143

Les diamètres varient dans ces expériences entre des limites assez écartées, comme 6 et 60, en prenant un grand nombre de valeurs intermédiaires ; on voit cependant avec quelle régularité le coefficient de la résistance pour 1m de diamètre que nous appelons ρ

(g) En parcourant les chiffres de cette colonne, on voit qu'ils croissent rapidement lorsque le diamètre des cylindres diminue. Il est donc inexact de dire, comme on le fait dans plusieurs ouvrages de mécanique, que le frottement de seconde espèce est *toujours* fort petit par rapport à celui de première ; car du principe que nous allons déduire de ce tableau, il résulte qu'à partir de la limite $D = \frac{\rho^2}{F'^2}$, le frottement de seconde espèce est égal au frottement de première et qu'au dessous de cette limite il est plus considérable.

est toujours ramené à un chiffre à peu près semblable. Sans doute on peut remarquer encore quelques différences, mais elles sont bien légères; et ce serait en vain qu'on chercherait à les faire disparaître entièrement; parce que nous avons été à même de reconnaître que le plus ou moins de perfection dans le travail du cylindre, le plus ou moins de poli qu'il recevait sur le tour, la plus légère différence dans la contexture des surfaces, avaient une influence bien sensible sur sa marche; de sorte qu'il est impossible de soumettre aux expériences des surfaces complètement ideentiques et c'est cependant, ce qu'il faudrait pour que les résultats présentassent un accord parfait. Il nous semble donc rigoureusement démontré que la résistance au mouvement d'un cylindre qui roule sur une surface unie est en raison inverse de la racine carrée de son diamètre. En se rappelant les expériences directes que nous avons faites sur les chaussées d'empierrement et sur les chaussées pavées, on en conclura que ce principe doit s'étendre à presque toutes les natures de surfaces.

La quantité $\frac{\delta}{r}\sqrt{2r}$ étant constante pour une même surface et égale à une certaine quantité ρ qui en définit la nature par rapport au frottement de seconde espèce, on tire de cette égalité:

$$\delta = \frac{1}{2}\rho\sqrt{D}$$

qui prouve, que la distance de la direction du frottement de seconde espèce, ou frottement normal, au point de contact est proportionelle à la racine carrée du diamètre et indépendante de la pression. Peut être serait-il permis, en combinant cette propriété de la force normale avec celle que nous avons démontrée plus haut d'être indépendante de la section transversale du corps, d'en tirer une conclusion générale qui nous semble résoudre le problême du mouvement d'un corps quelconque sur un plan. Cette conclusion serait que; lorsqu'un corps roule sur un plan il existe en avant du point de contact une force perpendiculaire à ce plan dont l'intensité est égale à la pression du corps sur ce plan, et la distance au point de contact proportionelle à la racine carrée du rayon de courbure de la section du corps qui passe par le point de contact et la direction de la vitesse de rotation.

Quoiqu'il en soit, en se restreignant même dans les limites de l'expérience, cette propriété du frottement de seconde espèce d'être pour les cylindres en raison inverse de la racine carrée des diamètres, nous parait être de la plus haute importance pratique, et nous sommes étonné de ne l'avoir rencontrée dans aucun des auteurs qui se sont occupés du frottement des corps roulants. Il ne faut pas confondre en effet ce principe avec cette autre propriété des roues, dont la démonstration se trouve dans une foule d'ouvrages (h) d'avoir pour *surmonter les petits obstacles* une puissance proportionnelle à la racine carrée de leur diamètre. Cette propriété en effet est très restreinte, comme on le voit par son énoncé, et en recourant à la démonstration qui en est donnée on trouvera que les termes de cet énoncé ne sont pas encore suffisamment exacts. Il est bien vrai que lorsqu'une roue se trouve placée devant un petit obstacle h, il

(h) Voir l'architecture de Bélidor par M. Navier, pages 147 et 148.

faut qu'on ait entre la force tirante T, le poids P de la roue, dont le rayon est r la relation $T = m P \sqrt{\frac{2h}{r}}$ pour que le mouvement naisse ; mais il n'est pas nécessaire que cette force T reste constante pour que l'obstacle soit surmonté, elle pourra diminuer au contraire jusqu'à zéro ; et en définitive, d'après ce principe tel qu'il est démontré, toutes les roues, quelque soit leur diamètre, n'exigeront, pour surmonter l'obstacle, que la même force vive ou le même tirage. Car cette force vive est proportionnelle à l'intégrale de la force qui fait équilibre au poids pour un point quelconque, prise depuis o jusqu'à l'extrémité $\sqrt{2rh}$ du chemin parcouru. Or on a :

$$P \int_0^{\sqrt{2rh}} \frac{\sqrt{2rh} - s}{r} ds = P h$$

expression indépendante de r comme il était facile de le prévoir. Ajoutons qu'à la descente de l'obstacle, la roue retrouve la force vive perdue Ph. Le seul avantage des grandes roues, d'après ce théorème, serait donc d'exiger dans un instant donné une augmentation de force tirante moindre ; en un mot, de faire l'office de régulateur ou de volant, appareils qui, comme on le sait, n'ajoutent rien à la puissance des machines. Si l'avantage des grandes roues se bornait à régulariser accidentellement le tirage dans la rencontre des obstacles, il serait bien nul dans la pratique et ne compenserait pas l'excédent de poids résultant de leur diamètre, tandis que l'avantage des grandes roues, tel que nous l'avons démontré est un avantage permanent, qui diminue d'une manière constante et régulière la puissance nécessaire pour maintenir le mouvement uniforme.

Les citations suivantes prouvent du reste, d'une manière bien convaincante, que les auteurs qui se sont occupés de la théorie du tirage des voitures regardaient l'avantage des grandes roues, démontré par le théorême dont nous venons de parler, comme borné au cas où elles rencontrent des obstacles, et qu'ils ne songeaint pas à l'étendre aux surfaces unies et homogènes. On va voir que pour ce cas les uns croyaient le diamètre sans influence pour diminuer le tirage; d'autres, partant d'hypothèses plus ou moins ingénieuses sur la résistance des molécules à l'enfoncement, cherchaient et donnaient des formules tout-à-fait différentes; d'autres enfin, admettant des expériences, auxquelles le nom de leur auteur donnait une grande autorité, regardaient la puissance des roues comme proportionnelle à leur diamètre.

Ainsi M. de Schwilgué, dans son mémoire sur le roulage (*Annales septembre* 1832 *page* 197), dit :

« Il est démontré par les principes de la *Statique* » et par l'expérience que les grandes roues offrent » moins de résistance que les petites pour passer sur » des *obstacles*.

« Il est prouvé aussi que plus le rapport entre le » diamètre de la roue et celui de l'essieu est considé- » rable et moins il y a de frottement à l'essieu.

» De ces principes on déduit que la grosseur de » l'essieu étant déterminée en raison de la charge » qu'une voiture peut supporter il y a *double* avan- » tage à augmenter la hauteur des roues. »

Le troisième avantage des grandes roues, le plus puissant pour diminuer le tirage, parait donc être ignoré de M. Schwilgué, puisque cet ingénieur croit qu'il n'y a que le frottement à l'essieu de diminué par le diamètre, aussi s'empresse-t-il de les exclure du roulage, comme ne contribuant pas à *faciliter* les transports et de les reléguer dans les chantiers, parce qu'alors *la condition essentielle que l'on cherche à remplir est de faciliter le chargement et le déchargement, et on compte pour peu de chose les économies qu'on pourrait obtenir sur les frais de transport.*

Edgeworth, nous parait partager cette erreur. Dans son essai sur la construction des voitures et des routes (*page* 60), après avoir donné la démonstration du principe de la puissance des roues par rapport aux obstacles, il n'en conseille l'usage que « dans les en-
» droits où les roues à jantes étroites ont creusé des
» ornières profondes, dans les forêts où il sagit de
» transporter des bois de construction à travers des
» fondrières et *autres obstacles graves. Mais sur les*
» *bonnes routes leur principal avantage provient de la*
» *diminution du frottement des essieux.* »

Nous aurons occasion tout à l'heure de citer une foule d'expériences où le tirage des voitures est donné sur les diverses espèces de routes d'après la nature des chaussées, abstraction faite du diamètre des roues. On doit donc admettre que jusqu'à présent l'influence de la grandeur de la roue pour diminuer le tirage n'était pas généralement connue. Cependant, comme on va le voir, on avait établi quelques formules, et fait des expériences pour la constater; mais il parait que ces formules n'étaient considérées que comme de pures spéculations théoriques et que ces expériences étaient inconnues ou regardées comme inexactes, car on n'y avait aucun égard dans la pratique.

Gerstner (*page* 18), en faisant diverses suppositions sur la résistance du terrain et la regardant comme indépendante ou proportionnelle, soit à la première, soit à la seconde puissance de l'enfoncement, arrive aux valeurs suivantes du tirage en fonction du diamètre, de la charge, de la largeur de la bande et d'une constante, représentant la dureté du terrain. Voici ces formules dans lesquelles nous ne faisons que substituer les notations que nous avons adoptées :

$$T = \frac{P^2}{\rho D L} \quad T = \frac{3}{4} \frac{P^{4/3}}{2^{2/3} \rho^{1/3} D^{2/3} L^{1/3}} \quad T = \frac{5}{8} \frac{15^{2/5}}{8^{2/5}} \frac{P^{6/5}}{\rho^{1/5} D^{3/5} L^{1/5}}$$

M. Coriolis (*Annales* 1832 *page* 184), arrive par des considérations semblables à celles de Gerstner, à la seconde des formules ci-dessus pour l'empierrement, et à la suivante pour des chaussées pavées :

$$T = \frac{P^2}{\rho\, l\, l'^2}$$

l étant la largeur du pavé et l' sa longeur dans le sens de la route.

Tredgold dans son traité sur les chemins de fer pose : $T = \frac{P^{2/3}}{4{,}2\, D}$ (*g*).

(g) N'est-il pas extraordinaire qu'à l'aide de tous ces tatonemens, la théorie n'ait rencontré la vérité sur aucun point? pas plus pour la pression, que pour le diamètre, que pour la largeur de la bande. Pour la pression, elle lui attribue une augmentation de tirage telle que si elle était vraie, la tendance du roulage à augmenter ses chargemens serait inexplicable. Pour le diamètre, elle exagere sur l'empierrement sa puissance pour diminuer le tirage, et lui en refuse une quelconque sur le pavé. Enfin l'expérience fait connaître que le tirage est indépendant de la largeur de la bande sur l'empierrement et que cette dimension de la roue a au contraire une influence très marquée sur le pavé, et c'est précisément le contraire qu'indique la théorie.

Les relations que ces formules établissent entre le tirage et le diamètre de la roue sont tout à fait différentes de celle qui ressort de nos expériences. Il en est de même pour la pression et pour la largeur de la bande. Nous ne croyons pas cependant que déduites d'hypothèses, que rien ne confirme, et données même par leurs auteurs, que comme ayant quelqu'analogie avec la réalité, ces formules puissent ébranler la confiance que méritent des expériences nombreuses, et nous ne les rappelons que comme une preuve de l'incertitude où on est encore sur les lois du frottement de seconde espèce; mais il nous reste à parler de quelques expériences positives dont les résultats sont en contradiction avec les nôtres relativement à cette importante propriété du diamètre. Ici ce sont des faits opposés à des faits, un examen approfondi est indispensable pour savoir de quel côté se trouve la vérité.

Nous allons citer textuellement le passage du mémoire de Coulomb où ces expériences sont rapportées pour qu'on puisse apprécier le mérite des observations que nous allons leur opposer.

Frottement des rouleaux.

« L'on a posé sur deux tréteaux de six pieds de
» hauteur, solidement assis deux pièces de bois écar-
» ries; sur ces deux pièces de bois, l'on a fixé deux
» règles de chêne, dressées à la varlope, avec une peau
» de chien de mer : l'on a fait tourner avec soin deux
» cylindres de bois de gaïac, l'un de six pouces de
» diamètre et l'autre de deux pouces, l'on a fait
» exécuter au tour plusieurs cylindres de bois d'orme

» depuis deux jusqu'à douze pouces de diamètre.
» L'on a fait poser successivement les rouleaux sur
» les deux règles, de manière que l'axe des rouleaux se
» trouvait à la fois perpendiculaire à l'alignement des
» règles dont on avait arrondi les arêtes : les deux
» règles étaient parfaitement de niveau, l'on suspen-
» dait, des deux côtés du rouleau, des poids de 50 livres
» avec des ficelles très flexibles de deux lignes de
» tour et dont la raideur n'était pas le trentième de
» celle de notre corde de six fils de carret. Au moyen
» de plusieurs ficelles distribuées sur les rouleaux, et
» chargées chacune de 50 livres de chaque côté, l'on
» produisait sur les règles une pression déterminée,
» l'on cherchait ensuite au moyen d'un petit contre-
» poids que l'on suspendait alternativement des deux
» côtés du rouleau, quelle était la force nécessaire
» pour lui donner un mouvement continu insensible
» ou pour vaincre son frottement. Voici le résultat
» des expériences, dans lesquelles, à chaque essai,
» l'on commençait à ébranler le rouleau.

Rouleaux de bois de Gaïac.

CHARGE DES ROULEAUX LEUR POIDS COMPRIS.	FORCES QUI PRODUISENT UN MOUVEMENT CONTINU TRÈS-LENT.	
	ROULEAUX DE 6 POUCES.	ROULEAUX DE 2 P.
100 livres.	0 livres 6	1 livres 60
500	3, 00	9 40
1,000	6, 00	18 00

» Il résulte de cette table que le frottement des » cylindres qui roulent sur des plans horizontaux est » en raison directe des pressions et *inverse du dia- » mètre des rouleaux*. Nous avons éprouvé qu'ici les » enduits ne donnent aucune diminution sensible » dans les frottemens.

Rouleaux de bois d'Orme.

» Les rouleaux de bois d'orme ont donné un frot- » tement de 2/5 plus grand que les rouleaux de gaïac, » avec un rouleau d'orme de 6 pouces de diamètre » nous avons trouvé pour une pression de 1,000 liv., » le frottemnt de 10 livres, et de 5 livres avec un » rouleau de 12 pouces de diamètre : l'on remarque » seulement que sous les petites pressions, le frotte- » ment paraît un peu plus grand que celui qui résul- » terait de la loi des frottemens proportionnels aux » pressions, mais cette différence est trop peu con- » sidérable pour pouvoir produire des erreurs sensi- » bles dans la pratique. »

(Mémoire de Coulomb sur le frottement dans les machines simples, page 125.)

Ces expériences paraissent au premier coup d'œil décisives et nous ne sommes nullement étonné de les voir admises par M. Minard dans ses leçons sur les chemins de fer *(page 34.)*. Cependant, prévenu par nos propres expériences de l'inexactitude de leur résultat il ne nous a pas été difficile de reconnaître dans la méthode d'exprimentation employée par Coulomb, les causes de l'erreur commise par cet habile physicien.

On sait que, lorsqu'on veut faire sortir un corps quelconque de l'état de repos et vaincre les résistances provenant du frottement, il faut en général employer une force bien supérieure à celle qui est nécessaire pour maintenir son mouvement uniforme; Coulomb lui-même l'a démontré par des expériences; il a fait voir, par exemple, que pour le chêne glissant sur le chêne ces deux forces pouvaient être comme 95 est à 22. Or il en est de même pour le frottement de seconde espèce. C'est ce qu'il est facile de reconnaître en tirant une voiture avec une romaine; souvent pour déterminer le départ on est obligé dépasser la tension maximum indiquée par le cadran et on voit ensuite l'aiguille descendre à une tension bien inférieure, c'est ce que Coulomb avait lui-même reconnu, car il a soin de prévenir qu'à chaque essai on commençait à *ébranler le rouleau*. Ainsi dans ce système d'expériences, l'observateur avait, dans le choix du poids additionel destiné à déterminer l'intensité du frottement, toute la latitude que lui donnait la différence du frottement, du corps au repos, au frottement du corps en mouvement; il pouvait donc faire varier ce poids du simple au quarduple sans que rien ne l'avertît de son erreur. En effet cette erreur ne pouvait devenir sensible que par une assez longue course du rouleau qui eut appris si sa vitesse était constante ou accélérée.

Or, d'après la disposition des tréteaux qui n'avaient que six pieds de hauteur la course des cylindres ne pouvait être que de trois pieds au plus et il était par conséquent impossible de reconnaître, dans un si court espace, les caractères du mouvement qui se trouvait d'ailleurs modifié aussi par l'ébranlement qu'on était obligé de donner au départ. Malgré ces causes d'erreur la loi exacte de l'influence du diamètre n'aurait pas manqué de ressortir de ces expériences même, si Coulomb ne s'était pas renfermé dans des limites aussi rapprochées. Car, quoiqu'il annonce d'abord qu'il a fait exécuter des rouleaux depuis deux pouces jusqu'à douze, on voit qu'il n'a jamais comparé que deux diamètres ensemble deux pouces et six pouces, six pouces et douze pouces. S'il avait poussé plus loin sa comparaison, si comme nous l'avons fait il eut décuplé les diamètres il se serait bien vite apperçu qu'en décuplant le poids additionel il dépassait de beaucoup la résistance. N'est-il pas permis de croire, dans ces circonstances, que Coulomb a plutôt cherché à vérifier la loi qui lui paraissait la plus naturelle en plaçant d'avance les poids qu'elle lui indiquait, sans essayer si d'autres poids pouvaient suffire, et ne se soit trop hâté de tirer une conclusion générale d'un petit nombre d'expériences. Quoiqu'il en soit, nous ne pouvons donner de meilleure preuve de l'inexactitude de la loi de Coulomb que nos propres expériences. Si la résistance était en raison inverse du diamètre, lorsque nous avons passé du cylindre de six centimètres au cylindre de six millimètres, qui nous ont donné, pour la même chute, l'un 8^{m}, 43 d'espace parcouru et l'autre 2^{m}, 22, il faudrait admettre que dans la première expérience nous avons confondu 8^{m}, 43 avec 22^{m}, 20, ou dans la seconde 2^{m}, 22 avec 0^{m}, 84; or qu'on se reporte à notre méthode d'exprimenter, et on reconnaîtra que non-seulement une pareille erreur est impossible, mais qu'on peut presque répondre des plus petites fractions. Car si le calcul de la résistance ne satisfait pas partout rigoureusement à la loi que nous avons donnée (et comme on l'a vu les écarts sont bien peu considérables), il ne faut pas l'attribuer aux inexactidudes ordinaires des expériences, la résistance trouvée est bien la résistance réelle, mais c'est qu'il est impossible d'obtenir des surfaces parfaitement comparables sous le rapport du poli.

Ce que nous venons de dire des expériences de Coulomb nous dispensera de discuter celle de Wood, qui semble cependant les confirmer. Nous la trouvons rapportée dans la préface de Gerstner citée par M. Girard, page 72.

« M. Wood ayant monté le chariot d'une machine » locomotive sur des roues de 3 et 4 pieds de dia- » mètre, trouva qu'avec une quantité donnée de » combustible les espaces parcourus étaient pro- » portionnels aux diamètres. »

N'est-il pas évident qu'ici la résistance à la bande se trouve compliquée de la résistance à l'essieu, et que les diamètres sont d'ailleurs trop peu différens pour que le résultat de l'expérience ait pu mettre en évidence le principe dont il est question?

Peut-être aurions-nous dû nous borner à exposer le résultat de nos expériences, et l'abandonner à l'appréciation des lecteurs, avec les théories et les expériences antérieures; mais le principe que nous avons voulu établir nous a paru d'une si haute importance, puisque c'est la loi qui régit la machine la plus utile, la plus généralement employée et peut-être la plus ancienne, la voiture; mais l'erreur où on était sur ce principe, l'incertitude même nous ont paru si longues et si improbables, l'autorité des noms que nous avons cités et à l'abri desquels cette erreur s'est propagée nous a paru si grande que nous avons craint de ne pouvoir dissiper tous les doutes qu'en provoquant un examen attentif des théories et des expériences avec lesquelles nous nous trouvions en contradiction.

Nous bornerons là les considérations générales que nous voulions exposer sur le frottement de seconde espèce, nous avons fait voir que cette résistance était toujours égale et directement opposée à la pression; que lorsque le corps était mis en mouvement, elle s'opposait à sa rotation avec une énergie proportionnelle à sa distance au point de contact; enfin par des expériences directes faites sur des cylindres, nous avons démontré que cette distance était proportionnelle à la racine carrée du rayon et indépendante de la pression. Le calcul des effets de ce frottement n'est donc plus qu'un problème ordinaire de mécanique puisque la position et l'intensité de cette force sont parfaitement déterminées. Nous n'en ferons aucune application étrangère à l'objet spécial de ce mémoire et nous allons revenir au mouvement des voitures.

Les équations de ce mouvement se déduisent facilement de celles que nous avons posées pour les cylindres, il suffit d'y ajouter le frottement à l'essieu. Or ce frottement qui agit en sens inverse sur l'essieu et sur le moyeu ne doit pas entrer dans l'équation du mouvement de translation et entrer avec le signe — dans l'équation du mouvement de rotation de la roue. On est conduit alors aux équations suivantes :

$$M v^2 - M v_0^2 = 2 \frac{M r_2}{K + M r^2}\left(T - \frac{\rho}{\sqrt{D}} P - f(P-p)\frac{d}{D}\right) (1)$$

$$F = \frac{K T + M r^2 \frac{\rho}{\sqrt{D}} P + M r^2 f(P-p)\frac{d}{D}}{K + M r^2} (2)$$

qui peuvent servir à déterminer toutes les circonstances du mouvement d'une voiture. On voit que tant qu'on a :

$$T = \frac{\rho}{\sqrt{D}} P + f(P-p)\frac{d}{D}$$

le mouvement reste uniforme. Appelons θ cette valeur de T et supposons que le coefficient de glissement de la voiture sur la route soit F', nous aurons, en resolvant l'équation (2) par rapport à T, en remplaçant les masses par les poids et remarquant que $K = \frac{1}{2}\frac{p}{g} r^2$:

$$T = \left(\frac{p + 2P}{p}\right) F' P - \frac{2P}{p}\theta \quad (3)$$

depuis la valeur $T = \theta$ jusqu'à la valeur ci-dessus le mouvement est accéléré, et il n'y a pas d'autre perte de force vive que celle qui résulte du roulement ; mais au-dessus de cette limite il y a glissement, l'équation (1) n'a plus lieu, le mouvement du centre de gravité est déterminé par la suivante :

$$M v^2 - M v_0^2 = 2 (T - F' P) s$$

et la voiture ne s'avance pas plus vite que si elle glissait sur ses roues. Nous avons déterminé pour les cylindres l'angle du plan incliné sur lequel le glissement commençait, angle qui résulte d'ailleurs de l'équation (3) en y faisant $P = p$, pour la voiture il suffira de substituer dans cette équation la relation qui existe entre ces deux quantités pour reconnaître que les pentes ordinaires des routes ne peuvent produire cet effet. Si on suppose que pour une voiture déchargée le poids des roues soit la moitié du poids total la formule ci-dessus divient :

$$T = 5\ F'\ P - 4\ \theta\ P$$

et pour un chemin de fer où $F' = 0,05$, $\theta = 0,005$ elle se réduit à : $T = 0,23\ P$

Par conséquent il suffirait d'appliquer à un waggon vide une force qui fût à peu près le quart de son poids, ou de le placer sur une pente de 23 centimètres par mètre pour qu'il y eut glissement des roues.

L'équation du mouvement des locomotives, c'est-à-dire des voitures où le mouvement est produit par la rotation des roues, est aussi facile a établir ; mais nous croyons devoir nous y arrêter un instant, parce qu'ici la force horizontale appliquée au point de contact, force que nous avons appelée F dans les calculs précédens, joue ici un autre rôle et change de direction. Considérons un cylindre posé sur des tréteaux, comme dans les expériences de Coulomb que nous venons de citer, et supposons qu'un poids Q soit suspendu à l'extrémité d'un cordon enroulé sur le cylindre (fig. 10); si nous faisons croître progressivement ce poids depuis zéro, l'équilibre ne sera pas d'abord troublé, et comme le poids P du cylindre et la force Q ont une résultante qui s'éloigne du point de contact à mesure que Q augmente; on en conclura nécessairement que la réaction moléculaire a aussi une résultante égale et directement opposée à celle de ces deux forces, qui s'approche de même du moteur Q, quand cette dernière force augmente. De sorte qu'en appelant δ la distance de cette résultante au point de contact et P la pression sur le plan, il faut qu'on ait toujours :

$$Q\, r = P\, \delta \quad \ldots \quad Q = P\, \frac{\delta}{r}$$

Si on suppose que, dans cette dernière équation, δ représente la distance limite à partir de laquelle le mouvement commence, $P\,\frac{\delta}{r}$ représentera la plus grande valeur qu'on puisse donner à Q, sans que l'équilibre soit troublé. Au delà de cette limite il y a mouvement. Comme toutes les forces dont nous venons de parler sont verticales, on pourrait se demander si ce mouvement ne sera pas une simple rotation du cylindre autour de son centre qui resterait immobile ; mais on reconnait bien vite que cette rotation ne peut avoir lieu sans faire naître au point de contact une force horizontale F' P égale au frottement de glissement, force qui amènerait une progression du corps. Ainsi le centre du cylindre ne reste pas immobile et s'il se se meut ce ne peut être qu'en vertu d'une force F agissant au point du contact, l'existence de cette force est une conséquence nécessaire de la progression. Il est d'ailleurs facile d'en déterminer l'intensité, au moyen des équations du mouvement de translation et de rotation, et on arrive, en supposant la vitesse de rotation à la circonférence égale à la vitesse de translation, aux équations suivantes :

$$Mv^2 - Mv_o^2 = 2\frac{M\, r^2}{K + M\, r^2}\left(Q - P\frac{\delta}{r}\right); F = \frac{M\, r^2}{K + M\, r^2}\left(Q - P\frac{\delta}{r}\right)$$

On peut faire sur ces équations les observations que nous avons faites dans le cas ou la force motrice était horizontale. A mesure que la puissance Q augmente, la force F augmente aussi ; mais comme cette dernière a pour limite F' P, on en conclut qu'à partir de la valeur :

$$Q = P \frac{\delta}{r} + \frac{K + M r_2}{M r^2} F' P$$

le glissement commmence. Mais dans ce cas c'est la vitesse de rotation qui est plus grande que la vitesse de translation. En résumé, depuis la valeur de $Q = 0$ jusqu'à $Q = P \frac{\delta}{r}$, la réaction moléculaire est verticale et s'éloigne du contact, depuis 0 jusqu'à δ ; à partir de $P \frac{\delta}{r}$ jusqu'à $P \frac{\delta}{r} + \frac{K + M r^2}{M r^2} F'P$, la réaction moléculaire s'incline de plus en plus en avant, mais la vitesse de rotation à la circonférence est toujours égale à la vitesse de translation et il n'y a par conséquent pas de glissement ; enfin quand Q dépasse cette limite il y a rotation plus rapide que la translation et par conséquent glissement et perte de force vive. On peut au reste se rendre compte facilement de toutes les circonstances de ce mouvement, en substituant aux deux frottemens des poids suspendus à l'extrémité de cordons, comme nous l'avons fait dans le premier cas. Ainsi la fig. 10 représente le mouvement que nous considérons et on voit bien que, Q croissant, la vitesse de rotation augmente, ainsi que la tension du cordon MF, de manière à rendre la vitesse de translation égale à la première ; mais que cette tension produite par le poids F' P qui repose sur un plan ne peut être plus grande que ce poids ; de sorte que si Q continuait à augmenter, de manière que la tension du cordon MF dût être plus considérable que F' P, pour maintenir l'égalité entre les deux vitesses, cela ne pourrait pas avoir lieu; la vitesse de rotation l'emporterait sur celle de translation, le poids F'P serait soulevé d'une quantité h, proportionnelle à ces deux vitesses, et il y aurait une perte de force vive mesurée par F'P h.

Ainsi dans les deux cas que nous avons considérés : 1° un cylindre tiré par une force parallèle au plan ; 2° un cylindre tiré par une force perpendiculaire; il peut y avoir perte de force vive par l'effet du frottement de première espèce, lorsque la puissance dépasse une certaine limite ; dans le premier cas, parce que la vitesse de translation est plus grande que la vitesse de rotation; dans le second, parce qu'elle est plus petite. Dans le premier cas, ce frottement fait tourner le cylindre, dans le second, il le fait avancer. On arrive ainsi à une conclusion qui peut paraître paradoxale au premier coup d'œil ; c'est que le frottement, obstacle ordinaire de la locomotion, est indispensable au mouvement des locomotives. Car ces machines peuvent être complètement assimilées au cylindre que nous venons de considérer. En substituant au poids Q, qui augmente la pression, un couple agissant aux extrémités du même diamètre, l'analogie devient complète.

Nous avons cru devoir nous arrêter sur les diverses circonstances de ce mouvement, parce qu'il nous a semblé qu'il n'avait pas toujours été expliqué d'une manière rigoureuse. Quelques auteurs ont cru devoir y faire intervenir l'adhérence. Selon nous, cette force est tout à fait étrangère à ce phénomène, et la progression n'est due qu'au frottement de première espèce, frottement dont l'intensité est toujours déterminée lorsqu'il y a glissement, mais qui peut varier depuis zéro jusqu'à une certaine limite et influer de diverses manières sur la nature du mouvement, lorsqu'il n'y a que développement de la surface du corps roulant sur le plan.

Pour avoir l'équation du mouvement des locomotives il suffit d'ajouter aux équations que nous avons établies plus haut le frottement à l'essieu et une force T appliquée au centre et agissant en sens inverse du mouvement. On arrive ainsi aux équations suivantes :

$$M v^2 - M v_0^2 = 2 \frac{M r^2}{K + M r^2} \left(Q - T - P \frac{\rho}{\sqrt{D}} - f(P - p) \frac{d}{D} \right)$$

$$F = \frac{K T + M r^2 \left(Q - P \frac{\rho}{\sqrt{D}} - f(P - p) \frac{d}{D} \right)}{K + M r^2}$$

Elles se simplifient lorsqu'on pose :

$$P \frac{\rho}{\sqrt{D}} + f \left(P - p \right) \frac{d}{D} = T'$$

tirage de la locomotive. On a alors :

$$M v^2 - M v_0^2 = 2 \frac{M r^2}{K + M r^2} \left(Q - T - T' \right) \quad (1)$$

$$F = \frac{K T + M r^2 (Q - T')}{K + M r^2} \quad (2)$$

La première équation fait voir que, pour qu'il y ait mouvement, il faut qu'on ait :

$$Q > T + T'$$

et, la seconde pour qu'il n'y ait pas glissement :

$$Q < T + T' + \frac{K + M r^2}{M r^2} \left(F' P - T \right)$$

On peut donc donner au moteur toutes les valeurs comprises entre :

$$T + T' \text{ et } T + T' + \frac{K + M r^2}{M r^2} \left(F' P - T \right)$$

sans qu'il y ait perte de force vive par suite de glissement. De l'équation (2) tirant la valeur de T, on trouve :

$$T = F' P - \frac{M r^2}{K + M r^2} \left(Q - T - T' \right)$$

Or, cette valeur devient un maximum lorsque le second terme est nul, on a ainsi :

$$T = F' P$$

Le tirage d'une locomotive ne peut donc être supérieur à la force nécessaire pour la faire glisser, et d'après la valeur de Q maximum on voit que dans cette circonstance $Q = T + T'$. Ainsi lorsque le tirage des waggons soit par l'effet de la pente, soit par toute autre cause deviendra égal à ce maximum $F'P$, il sera presqu'impossible qu'on n'ait pas de perte de force par suite du glissement des roues ; et quand un convoi ne pourra franchir une pente, on en pourra conclure que $T > F'P$.

Nous devons dire cependant que les expériences faites par cette méthode pour déterminer la quantité F' donnent des valeurs beaucoup plus petites que le coefficient du frottement de première espèce. Ainsi, tandis que ce coefficient parait être de 0,10 seulement pour du fer glissant sur du fer, on trouve que les locomovites sur les chemins de fer ne peuvent guère tirer que le 20me de leur poids, et encore cette quantité semble-t-elle diminuer avec des circonstances qui augmentent ordinairement le frottement, telles que la neige, la poussière etc. Cette anomalie parait tenir à ce que la pression des locomotives sur les rails n'est pas constante. On conçoit en effet que, si par les ébranlemens qu'elles éprouvent elles sont soulevées et détachées des rails par une suite d'oscillations verticales, la pression varie sans cesse et même devient nulle par instans, et avec elle sa puissance de tirage qui lui est proportionnelle ; les causes donc qui augmenteraient les secousses de la machine diminueraient sa force de retenue. Ce n'est donc pas F' à proprement parler qui est diminué, au contraire, il peut être augmenté, c'est la pression P.

Nous venons de voir dans les exemples qui précédent que le frottement à la bande des roues, qui n'est ordinairement produit que par le frottement de seconde espèce, peut se compliquer du frottement de première espèce par l'effet de l'excès de puissance du moteur. Nous allons examiner maintenant quelques circonstances, où par suite de la construction des roues, ce frottement s'ajoute nécessairement au tirage, quelque soit l'énergie du moteur.

Si les roues d'une voiture ordinaire sont inégales, mais libres de tourner autour de l'essieu, chacune d'elles prendra une vitesse relative à son diamètre, mais il n'y aura pas de glissement, le tirage total ne sera que légèrement augmenté par cette circonstance, et on aura, en négligeant le frottement à l'essieu et appelant p et p', les pressions sur chaque roue :

$$T = p\,\frac{\delta}{r} + p'\,\frac{\delta'}{r'} \text{ au lieu de } \left(p + p'\right)\frac{\delta}{r}$$

La différence entre ce deux expressions, en mettant pour δ et δ' leurs valeurs, est :

$$\frac{p' \rho}{\sqrt{D}} \frac{D - D'}{D + \sqrt{D D'}}$$

si D' diffère peu de D et qu'on appelle ε cette différence, l'expression ci-dessus se réduira à $\frac{p' \rho}{\sqrt{D}} \frac{\varepsilon}{2 D}$. Or $\frac{p' \rho}{\sqrt{D}}$ c'est le tirage de la roue, si son diamètre était D. On voit donc qu'il est augmenté d'une quantité proportionnelle à la différence des diamètres et en raison inverse du diamètre.

Mais si l'essieu est fixé aux roues, il y a nécessairement glissement ; car la plus petite roue aura la même vitesse angulaire que la grande, le frottement de première espèce F' p' agira donc à la bande de cette roue avec toute son intensité, tandis qu'il n'agira sur la bande de l'autre roue qu'avec une intensité F qui dépendra de l'énergie de la traction. On est conduit par des considérations semblables à celles que nous avons employées à l'équation suivante du mouvement des roues :

$$M v^2 - M v_0^2 = 2 \frac{M r^2}{K + M r^2} \left(T - p \frac{\delta}{r} - p' \frac{\delta'}{r} - F' p' \left(\frac{r - r'}{r} \right) \right)$$

On voit que dans ce cas le frottement de seconde espèce est diminué, puisque $p' \frac{\delta'}{r} < p' \frac{\delta}{r}$. La différence entre ces deux quantités est précisément $p' \frac{\rho}{\sqrt{D}} \frac{\varepsilon}{2 D}$, c'est-à-dire l'augmentation que nous avons trouvée dans le cas des roues libres. Ainsi le frottement de seconde espèce est diminué par l'effet de l'inégalité des roues, lorsqu'elles sont fixées à l'essieu, de la même quantité qu'il est augmenté lorsqu'elles ne le sont pas. Mais cette diminution est plus que compensée par le frottement de première espèce dont l'énergie est :

$$F' \, p' \, \frac{\varepsilon}{D}$$

Supposons des roues de 1^{m} de diamètre, $\rho = 0,002$, $F' = 0,10$, $p' = \frac{1}{2}$ P, ce qui convient à peu près aux waggons ordinaires d'un chemin de fer. On trouve, pour $\varepsilon = 0,02$, que le frottement de seconde espèce est diminué de 0,00001 P, tandis que le frottement de première espèce qui s'ajoute au tirage est de 0,001 P. Le tirage total étant de 0,005, l'augmentation serait de un 5me par suite du frottement de première espèce et la diminution de deux millièmes sur celui de seconde. Nous supposons toujours dans ces calculs la puissance placée sur l'essieu d'une manière convenable pour qu'il n'y ait pas rotation horizontale de cet essieu par l'effet de l'inégalité du tirage des deux roues. S'il n'en était pas ainsi, et que les roues fussent guidées soit par des rebords, soit par des rainures, le mouvement ne pourrait se maintenir rectiligne que par une pression latérale de ces rebords appliquée à une certaine distance horizontale du point de contact. Le frottement produit par cette pression s'ajouterait au tirage avec une intensité proportionnelle à sa distance au point de contact, distance qui dépendrait de la saillie du rebord. Il serait facile de faire entrer cette nouvelle résistance dans le calcul, mais comme on ne pourrait le faire qu'avec des hypothèses sur son point d'application et son intensité, on ne s'y arrêtera pas. On a voulu faire voir seulement qu'elle résultait de l'inégalité des roues et que par conséquent dans les expériences relatives à la détermination du frottement de seconde espèce, on devait exclure tous rebords ou rainures destinés à maintenir le mouvement rectiligne. C'est une objection qu'on peut faire aux expériences de Wood, que nous allons citer tout à l'heure.

La considération de l'inégalité des roues conduit directement à celle de leur courbure transversale. Le tirage d'une surface de révolution quelconque roulant sur un cylindre qui a la même génératrice, peut être considéré comme produit par une série de roues inégales, liées au même essieu. Appelons $p, p', p'', \ldots p^{(n)}$ les pressions sur ces roues, P leur somme, nous aurons :

$$T = \frac{\rho}{r}\left(p\sqrt{1/2\,y} + p'\sqrt{1/2\,y'} \ldots + p^{(n)}\sqrt{1/2\,y^{(n)}}\right)$$
$$+ F' P - \frac{F}{r}\left(p' y' + p'' y'' \ldots + p^{(n)} y^{(n)}\right)$$

et lorsque les rayons seront liés entr'eux par une certaine relation qui déterminera la grandeur d'après leur position sur l'axe, et qu'on aura par conséquent $y = f(x)$, l'équation ci-dessus deviendra :

$$T = \frac{\rho}{r}\int_0^L p\sqrt{\tfrac{1}{2}f(x)}\,dx + F' P - \frac{F'}{r}\int_0^L p f(x)\,dx.$$

Pour un cône $y = \frac{r}{L}x$, et si on suppose $p = \alpha\pi y^2$, c'est-à-dire la pression de chaque tranche proportionnelle à sa surface on aura, en remarquant que :

$$\frac{1}{3}\alpha\pi r^2 L = P$$

$$T = P\left(\frac{6}{7}\frac{\rho}{\sqrt{2r}} + \frac{1}{4}F'\right)$$

le frottement de seconde espèce est plus petit de $\frac{1}{7}$ que celui qui aurait lieu si le cône roulait sur son grand rayon, mais à ce frottement s'ajoute le quart du frottement de première espèce.

Il serait du reste impossible de vérifier ces formules par l'expérience; d'abord, parce qu'on ne pourrait exécuter un cône qui put avoir un contact régulier avec un plan le long de toutes ses arêtes; et ensuite parce qu'on ne connaitrait pas la pression correspondante aux diverses sections. Le cas auquel nous avons appliqué la formule générale du tirage est donc purement théorique, mais on peut en tirer quelques renseignemens utiles sur l'excédent de tirage produit par certaines formes de bandes en usage dans le roulage. Ces formes peuvent se reduire à deux, la bande conique et la bande parabolique, nous ferons même voir plus tard que, par suite de la manière dont les roues s'usent sur les routes, cette dernière forme est la forme définitive que toutes les roues finissent par prendre quelque soit celle qu'on leur ait donnée dans l'origine.

Ce sera faire une supposition bien défavorable à toutes ces roues que de regarder la charge comme uniformément repartie sur toutes les zones et de poser dans l'expression générale du tirage :

$$p = p' = p'' \ldots\ldots = \frac{P}{L}$$

car il est bien évident que les grands rayons, c'est-à-dire ceux qui glissent le moins sont les plus chargés. Ainsi le tirage déduit de cette hypothèse pourra être considéré comme un maximum qui ne sera jamais atteint. En négligeant la diminution du tirage résultant de celle du frottement de seconde espèce, on trouve que l'augmentation aura pour expression :

$$F' P \left(\frac{L r - \int_0^L y \, dx}{L r} \right)$$

c'est-à-dire le frottement de glissement multiplié par le rapport de deux surfaces qu'il est facile de calculer. L'une est la différence entre le rectangle construit sur le grand rayon et la largeur de la bande et la section du solide engendré par le rayon variable de la roue ; (cette petite surface est hachée dans la fig. 11), l'autre est le grand rectangle que nous venons de définir.

Supposons que la différence entre le grand et le petit rayon de la bande soit de 0^m, 04 et $r = 1^m$, nous aurons alors en calculant les surfaces dont nous venons de parler :

pour les roues coniques. . . . . . 0,02 F'P
pour les roues paraboliques . . . . 0,013 F'P

Nous ne connaissons pas la quantité F', mais comme il ne s'agit ici que d'une limite, on pourra la supposer égale à 0, 50; alors l'excès de tirage produit par le glissement sera :

pour les roues coniques. . . , . . 0, 01 P
pour les roues paroboliques. . . 0, 0065 P

Cet excès serait bien sensible si tout se passait comme nous l'avons supposé dans le calcul, mais outre que la pression ne se répartit pas uniformément dans toute la largeur de la bande, le contact n'a pas même lieu dans toute cette largeur lorsqu'elle a pris sa forme définitive. De sorte qu'il n'arrive jamais sur une chaussée d'une qualité même médiocre que la différence entre le grand et le petit rayon de la partie de la bande en contact soit de 0^m, 02, il n'est donc pas étonnant que les roues que nous avons employées dans nos expériences ne nous aient donné aucune différence sous le rapport du tirage quelque fût leur forme, puisque l'enfoncement n'était pas même de un centimètre.

La résistance à la bande des roues et en général à la rotation des corps peut donc, dans plusieurs circonstances se compliquer du frottement de glissement; mais hors quelques cas particuliers, cette résistance est le résultat du frottement de seconde espèce, frottement dont nous avons démontré les propriétés lorsqu'il s'agit d'un corps roulant sur un plan. Nous avons vu que dans ce cas, la question est ramenée à determiner une certaine quantité δ ou ρ qui exprime pour ce corps et ce plan particuliers, la distance de la réaction au point de contact ou la résistance pour une courbure déterminée, et qu'il est facile alors d'en déduire les quantités analogues pour un rayon quelconque. On peut d'après nos expériences comparer les valeurs de cette quantité sur les diverses espèces de surfaces employées pour chaussées. On a vu dans la première partie que sur les chaussées d'empierrement on pouvait regarder ρ comme égal à 0, 04; et sur les chaussées pavées pour une largeur ordinaire de bande comme égal à 0, 016; sur les chemins de fer d'après des expériences que nous allons citer, on aurait: $\rho = 0,0011$; nombres qui sont entr'eux comme 1 : 15 : 36; mais ce serait une grande erreur que d'en conclure que les tirages sont dans le même rapport; le frottement à l'essieu et les diamètres des roues, différens sur ces diverses espèces de chemins, modifient complètement tous ces nombres, comme nous le ferons voir plus tard.

Le chiffre que nous venons de poser pour les chemins de fer n'est du reste qu'approximatif, nous n'avons pas fait d'expérience directe, et celles que nous pouvons citer sont peu nombreuses. Car il ne faut pas compter les expériences où on ne s'est occupé que du tirage en bloc sans séparer les diverses espèces de résistances.

MM. Gerstner et Wood ont fait des expériences pour déterminer le frottement qui a lieu sur les rails des chemins de fer. On peut retrouver, dans les calculs de M. Gerstner relatifs à ces expériences, la preuve que cet ingénieur regarde ce frottement comme dépendant d'une relation assez compliquée du diamètre, de la pression et de la largeur de la bande. Nous ne croyons pas que les résultats très discordans de ces expériences calculés d'après des bases aussi erronées méritent beaucoup d'attention.

Les résultats de M. Wood, tels que les a rectifiés M. Minard, nous paraissent devoir être assez exacts. Six expériences donnent pour ce frottement et pour des roues de 0^{m}, 87 de diamètre des valeurs comprises entre 0, 00178 et 0, 00234. Cependant nous devons faire observer : que ces expériences sont compliquées de la résistance des rebords des roues qui doit être assez considérable, si nous en jugeons par nos expériences dans lesquelles nous obtenions difficilement que les cylindres ne sortissent pas de la voie, quoique le chemin fut dressé avec assez de précision ; qu'une légère erreur dans l'observation du temps qui entre au quarré dans la formule a pu en altérer sensiblement le résultat: qu'enfin on a supposé dans ces calculs que les roues étaient pleines et que par conséquent le moment d'inertie était proportionnel à la moitié du poids, ce qui peut-être n'était pas suffisamment exact.

Quoiqu'il en soit, nous avons fait plusieurs expériences avec des cylindres de fer sur des tringles de fer, semblables au profil indiqué plus haut, et le coefficient le plus fort que nous ayons obtenu a été de 0, 00108 pour des roues de 1^{m} de diamètre ce qui donnerait près de 0, 0012 pour des roues de 0^{m}, 87. Si on admettait donc que les tringles et les cylindres dont nous nous servions fussent comparables pour l'intensité du frottement de seconde espèce au chemin de fer et aux roues dont se servait M. Wood, il en résulterait que dans les expériences de cet ingénieur il y avait un frottement de 0, 0008 provenant des rebords. On conçoit au reste que ce frottement qui ne dépend que de la régularité et de la précision de la pose des rails ou des altérations qu'elle a subies, doit varier souvent d'un point a un autre et que des expériences répétées dans des parties très différentes d'un chemin de fer pourraient seules en donner une évaluation suffisamment approchée.

Des expériences viennent d'être faites au chemin de fer du port de Cherbourg pour déterminer le frottement des rebords des roues contre les flancs des rails (*annales* 1835.) Mais en examinant attentivement ces expériences et les calculs sur lesquels elles sont basées, on reconnait qu'elles ne donnent, comme celles de Wood que ce frottement compliqué du frottement de seconde espèce que M. Virla n'a pas fait entrer dans la formule du mouvement des chariots, *parce que les points de contact des jantes avec les rails ont toujours de vitesses nulles*, ce qui serait exact si le contact était infiniment petit ou si ce frottement était horizontal ; mais même sur les chemins de fer le contact a des dimensions telles que la vitesse du point d'application du frottement de seconde espèce n'est pas nulle à cause de sa direction verticale. Cette vitesse serait comme nous l'avons vu $\frac{\delta}{r}$ v, v étant celle du centre de gravité, de sorte que *quand même le chemin serait parfaitement droit, les diamètres des roues parfaitement égaux, les rails parfaitement parallèles*, il y aurait encore à la bande une force rétardatrice qui anéantirait peu à peu la vitesse du chariot lancé. Ainsi, pour déterminer cette résistance provenant des rebords, il faudrait défalquer de la résistance totale non-seulement le frottement à l'essieu, comme l'a fait M. Virla, mais le frottement de seconde espèce à la bande, le reste exprimerait alors la résistance provenant des rebords. Les valeurs de x données par cet ingénieur doivent donc être regardées comme la somme de ces deux résistances, elles nous paraissent d'ailleurs tout-à-fait exagérées et nullement applicables aux chemins de fer ordinaires. Ces expériences donnent en effet un tirage total de 0, 016, c'est celui que donnent les bons pavages pour les charrettes de $0^{m}17$ de bande dont les roues ont 2^{m} de rayon.

Puisque nous avons été conduit à citer des calculs faits sur des principes qui nous paraissent erronés, qu'il nous soit permis de soumettre encore une observation du même genre sur un ouvrage récent de M. Coriolis, (Théorie mathématique du jeu de billard). Voici ce passage : (pages 51 et 52).

« La bille étant supposée homogène et parfaitement » sphérique, il n'y a pas lieu à considérer son poids » dont l'effet est détruit; on devra seulement avoir égard

» aux forces qui naissent des frottements. Pour une
» parfaite exactitude il faut tenir compte de deux
« espèces de frottements : un premier qui est le frotte-
» ment de glissement, c'est celui qui se manifeste
» quand la bille glisse sur le tapis ; un second qu'on
» peut appeler frottement de roulement. Ce dernier a
» lieu, indépendamment du glissement des surfaces,
» il provient d'un fléchissement que le poids de la
» bille produit sur le tapis, et il donne naissance à
» une force agissant dans une direction qui s'incline
» sur la pression verticale, et produit une compo-
» sante horizontale dont la direction est opposée à
» celle de la vitesse du centre de la bille. Ainsi, tandis
» que le frottement de glissement doit agir en sens
» opposé de la vitesse de glissement du point
» d'appui de la bille sur le tapis, *la force horizontale*
» *produite par le frottement de roulement agit en sens*
» *opposé de la vitesse du centre de la bille*. Ce dernier
» frottement n'est qu'une très petite fraction du pre-
» mier ; on pourrait donc le négliger sans erreur
» pour les applications au jeu de billard. Mais nous
» ne le ferons pas d'abord, et nous réunirons ces
» deux forces en une. »

Si nous nous sommes bien expliqué, on doit voir de suite en quoi diffère la théorie que nous avons donnée du frottement de seconde espèce de celle qui résulte de ce passage. M. Coriolis reconnait comme nous que la rotation de la bille donne naissance à une force agissant dans une direction qui s'incline sur la pression verticale, mais c'est à la composante horizontale de cette force qu'il attribue la résistance à la progression provenant du frottement de roulement; tandis que pour nous, la composante horizontale des réactions moléculaires autour du point de contact n'est jamais autre chose que le frottement de première espèce dont l'intensité variable tant qu'il n'y a que roulement, finit par atteindre une valeur constante qu'elle ne dépasse plus lorsqu'il y a glissement, Enfin M. Coriolis, regardant sans doute la composante verticale comme passant par le centre, n'en tient aucun compte dans ses calculs, et selon nous c'est précisément cette composante agissant à une distance δ de la normale, qui est la force retardatrice qu'on doit introduire dans les calculs pour avoir égard au frottement de seconde espèce. Les équations de M. Coriolis ne nous paraissent donc pas atteindre le but qu'il s'était proposé de tenir compte des deux résistances.

On peut au reste, à l'aide d'un raisonnement fort simple et indépendant de toute hypothèse, déterminer la direction exacte du frottement de seconde espèce. Puisqu'il est constant qu'une bille, une roue, un cylindre qui roulent sur un plan horizontal, sans glisser, finissent par s'arrêter en perdant peu à peu leur vitesse, il faut admettre qu'il se manifeste au point de contact une ou plusieurs forces retardatrices ; décomposons-les, en forces horizontales et en forces verticales; les premières agissant sur un point dont la vitesse est nulle par hypothèse, ne sauraient retarder la progression du corps, c'est donc aux forces verticales qu'est dû cet effet. Mais pour cela il faut que leur résultante ne passe pas par la normale, car la vitesse verticale de tous les points de cette ligne est nulle ; elle en est donc située à une certaine distance δ. Enfin elle est égale au poids du corps, puisqu'elle l'empêche de descendre.

En bornant ici tout ce que nous dirons du frottement de seconde espèce des corps durs et de la théorie générale de cette résistance, nous ne nous dissimulons pas tout ce que notre travail présente d'incomplet. Nous aurions voulu considérer le cas où le corps ne roule plus sur un plan, mais sur une surface quelconque et indiquer l'influence de la courbure soit concave, soit convexe de la surface immobile; nous aurions voulu donner la relation qui doit exister entre les deux espèces de frottemens, car quelques essais semblent nous indiquer qu'elles croissent et diminuent avec les mêmes circonstances; mais les expériences que nous avons tentées jusqu'à présent, laissent encore trop à désirer pour que nous nous hasardions à en donner les premiers résultats; nous aurions voulu surtout, partant des propriétés que l'expérience nous avait démontrées, remonter à l'origine de la théorie, c'est-à-dire à l'explication des phénomènes qui se passent autour du point de contact, et déterminer pour chaque point situé en dehors de la normale, l'étendue de son déplacement et l'intensité de la réaction qui en résulte, car cette relation eut constitué réellement une théorie du frottement qui eût permis au calcul de sortir des limites des expériences et de faire des découvertes imprévues. Mais, dans ce travail, il nous a été impossible de nous passer d'hypothèses, dont nous ne pouvons garantir l'exactitude, il nous semble donc présenter peu d'intérêt et nous le passons sous silence.

APPLICATION

DES RÉSULTATS PRÉCÉDENTS

A QUELQUES QUESTIONS PARTICULIÈRES.

Les résultats numériques des expériences que nous venons d'exposer et les principes qui nous ont paru en être les conséquences immédiates peuvent trouver une application utile dans un grand nombre de questions, en fournissant des données indispensables pour arriver à une solution pratique. Mais avant d'essayer de faire cette application à deux questions qui nous paraissent importantes, nous croyons devoir comparer les résultats numériques de nos expériences à ceux qu'on trouve dans les ouvrages les plus généralement consultés sur ce sujet. Nous avons déjà eu occasion de signaler, dans la première partie de cet Essai, les différences que nous trouvions à chaque instant entre les propriétés du tirage déduites des hypothèses faites sur la résistance des molécules à l'enfoncement, et celles qui ressortaient de nos expériences. On va voir que les résultats numériques eux-mêmes, ne sont pas plus d'accord avec ceux des expériences antérieures. La connaissance du tirage des voitures sur les diverses chaussées en usage était un élément trop essentiel à connaître dans une foule de questions pour qu'on ne s'en fût pas occupé jusqu'à présent, et lorsqu'on avait besoin de le faire entrer dans des calculs, voici ce qu'on trouvait :

Pour les chaussées d'empierrement.

	Tirage pour une pression de 1000k.
Suivant des expériences de Rumfort citées par MM. Gerstner et Minard.	77k
Suivant des expériences de Gordon, citées par M. Mary, — (*Annales* 1833.). . .	62
Suivant des expériences de Gordon, citées par M. Navier (*Arch. hydraulique, p.* 147)	40
MM. Coste et Perdonnet, dans leur ouvrage sur les chemins de fer, admettent le rapport 1/35e.	29
Suivant des expériences plus recentes de M. Navier (*Considérations sur la police du roulage page* 110).	22
Enfin suivant les expériences de Gordon déjà citées, lorsque l'empierrement est parfait, le tirage n'est plus que le 1/50e.	20

On pourrait peut être attribuer la discordance de ces résultats à la nature de la chaussée qui peut être très variable. Mais voici ce qu'on trouve pour les pavages dont la surface est moins susceptible de s'altérer par des causes accidentelles.

Suivant des expériences de Rumfort déjà citées.	55k
—— citées par M. Navier (*Arch. hyd.*).	40
—— id. — au trot	71
Suivant MM. Coste et Perdonnet.	33
Suivant les expériences de Gordon, citées par M. Mary.	14

Nous ne coyons pas qu'on puisse baser sur des chiffres aussi discordants une solution sérieuse d'une question quelconque. Car cette solution dépendrait totalement du choix qu'on ferait du coefficient du tirage dans ces deux séries de chiffres. Voudra-t-on justifier les pentes rapides d'un tracé, la préférence à accorder à un canal ou à un chemin de fer sur une route ordinaire on prendra les chiffres les plus élevés de ces deux échelles? voudra-t-on donner la préférence à une chaussée d'empierrement ou à une chaussée pavée, on n'aura qu'à se servir de ceux qui se trouvent aux extrémités opposées. Ce n'est pas que nous ne regardions comme exactes les expériences dont on a déduit ces chiffres, il n'y a d'inexact que les conclusions qu'on en tire, et les applications qu'on en fait. Chacun d'eux exprime peut-être très-exactement le tirage de la voiture qui servait à l'expérience; l'erreur est de croire que le résultat peut en être appliqué à une autre voiture, de roues, de vitesse et de suspension différentes. Demander le tirage sur une chaussée pavée, est une question tout aussi indéterminée que le serait de demander le frottement sur le bois; il faut encore définir le corps frottant. Ainsi sur les chaussées pavées il faut déterminer avec soin le diamètre de la roue et celui de l'essieu, la largeur de le jante, le mode de suspension, et la vitesse. Chaque espèce de voiture demande donc un chiffre particulier. On trouvera, à la fin du resumé de notre travail, le tableau des tirages que donnent les voitures les plus employées sur l'empierrement et sur le pavé, et connaissant la circulation qui doit s'établir sur une route, il sera facile d'en conclure le tirage total. Ce calcul est trop simple pour que nous nous y arrêtions, nous ferons seulement remarquer une conséquence qui ressort de ces chiffres.

Sur l'empierrement 1000^{k} transportés
par une voiture de roulage demandent. . . . . 30^{k} de tirage
par une diligence. 30
par une voiture de luxe. 36

sur les chaussées pavées le même poids ne demande
par une voiture de roulage que. . 17^{k}
par une diligence au trot. 20
par une voiture de luxe. . . . . . 34^{k} à 37^{k}

On voit donc que l'avantage du pavé, très-considérable pour une voiture de roulage l'est un peu moins pour les diligences, et se reduit presque à rien pour les voitures de luxe; enfin que, si on voulait absolument simplifier la question par des chiffres moyens, on pourrait admettre un tirage :

Sur les chaussées d'empierrement de. . . 30^{k}
et sur les chaussées pavées de. . . . . . 20^{k}

Il est bien entendu que les chiffres du tableau et ceux que nous venons d'en extraire ne se rapportent qu'aux dimensions des roues ordinaires; lorsqu'on croira devoir les changer, il sera facile de déduire les chiffres correspondants à ces nouvelles dimensions des lois du tirage que nous avons démontrées; il est bien entendu aussi qu'ils ne se rapportent qu'à des chaussées en bon état. Lorsqu'on veut déterminer le tirage pour d'autres états de chaussées, on se trouve embarrassé pour définir ces états d'une manière précise, et on ne voit d'autre moyen de le faire que par le tirage lui-même. Peut-être pourrait-on se servir pour cet objet d'une paire de roues de 1^{m} de diamètre fixée à un essieu, et de poids de formes circulaires tournant avec lui; il serait alors facile de déterminer le tirage d'une partie de route, en faisant une série d'expériences avec diverses pressions. Au lieu de dire qu'une chaussée est bonne, médiocre ou mauvaise, expressions vagues et qui ont souvent des significations différentes, suivant les personnes qui les emploient où les lieux auxquels on les applique; on dirait que le tirage de la chaussée est de 0, 03, 0,045..... 0,05,0, 06. On aurait ainsi un moyen simple de comparer la situation journalière de deux routes fort éloignées ou de la même route à diverses époques, et par conséquent de mesurer sa détérioration, de connaître l'influence des climats, des saisons, des plantations ,des pentes, de la nature des matériaux etc, questions qui resteront insolubles tant qu'on ne pourra pas leur appliquer des chiffres.

Pour compléter la comparaison que nous avons faite des diverses natures de chaussées il nous resterait à donner le tirage sur les rails des chemins de fer. Mais nous n'avons d'autres expériences personnelles sur ce sujet que celles que nous avons citées plus haut, où il n'est question que du frottement sur le rail, qui n'est sur les chemins de fer que la plus petite partie du tirage, du moins avec les dimensions actuelles des roues des waggons. Car, comme nous le ferons voir plus tard, nous ne croyons pas qu'on ait encore résolu sur ces chemins le problème de la détermination du diamètre des roues qui convient au minimum de tirage. Quoiqu'il en soit, en prenant les choses dans leur état actuel, nous voyons que la plupart des calculs faits sur les chemins de fer portent le tirage à 0, 005 ou à 5^k par tonne.

D'après les bases que nous avons posées plus haut, le tirage sur les chemins de fer serait au tirage sur les chaussées pavées et sur les chaussées d'empierrement comme 1 : 4 : 6. On admet en général des rapports assez différents de ceux-ci : cela tient à ce qu'on calcule ordinairement le tirage sur les chaussées d'empierrement et sur les chaussées pavées d'après le nombre de chevaux qu'exige sur ces chaussées le transport d'une quantité donnée de marchandises, sans faire attention qu'une partie de ces chevaux n'est nécessitée que par les fortes pentes sur lesquelles ces chaussées sont établies. Pour que la comparaison soit juste, il faut supposer toutes les chaussées de niveau ou qu'on ne leur a donné que la pente qui convient à leur tirage. Car il y a entre le tirage d'une chaussée et la pente maximum qu'on doit admettre dans le tracé d'une route une liaison directe, qu'il est facile de mettre en évidence. Une route est toujours mal tracée dès qu'on est obligé d'enrayer, car alors on ne trouve plus à la descente l'excès de puissance qu'avait demandé la montée, on ne doit donc jamais admettre de pente plus forte que le rapport du tirage à la pression. Cette limite serait donc 3 centimètres par mètre pour les chaussées d'empierrement, 2 pour les chaussées pavées et 5 millimètres pour les chemins de fer; d'autres considérations tendraient peut-être encore à abaisser cette limite, mais nous ne voulons pas entrer plus avant dans cette question qui demanderait à être traitée à part; d'autant plus que les pentes des routes trouvent encore des partisans nombreux.

Il nous reste à parler, pour épuiser toutes les espèces de chaussées connues, des chaussées avec dalles unies ou bandes de pierre, telles que celles du commercial road de Londres. Des expériences de Walker donnent pour le tirage de ces chaussées un chiffre à peu près semblable à celui des chemins de fer, c'est-à-dire, 5 k, 50 par tonne. Nous regrettons de ne pas connaitre les dimensions des roues qui ont servi aux expériences, car ce serait une erreur d'en conclure que le frottement des bandes des roues est le même sur le fer que sur la pierre et que par conséquent on pourait à volonté remplacer l'un par l'autre. Nous croyons au contraire que la même voiture éprouverait des tirages très différents sur ces deux espèces de chaussées. Cependant s'il était démontré, par un calcul analogue à celui que nous ferons plus tard, qu'on peut donner aux roues sur les chemins à bandes de pierre un diamètre plus considérable que sur les rails de fer, ce serait une circonstance dont on devrait tenir compte dans la comparaison de ces chaussées.

En rapprochant les expressions du tirage que nous venons de donner de celles du frottement à la bande trouvées plus haut, on voit que l'avantage de ces chaussées est loin d'augmenter dans le rapport de leur dureté. Ainsi tandis que les duretés sont représentées par les chiffres : . . . . . . 1 : 15 : 36.
les tirages correspondants le sont par 1 : 4 : 6.
cela tient à ce que le frottement à l'essieu reste toujours le même. On peut même dire que les roues des waggons étant plus petites, moitié environ des roues des voitures ordinaires, ce frottement est au contraire augmenté sur les chemins de fer, de sorte que tandis qu'il n'est que le 1/5e environ de la résistance totale sur les chaussées d'empierrement, il en devient

les 3/5es sur les chemins de fer. On peut tirer de là une distinction importante entre ces deux espèces de chemins, relativement à l'influence que peut avoir la division de la charge pour diminuer le tirage. Elle est presque nulle sur les routes ordinaires; parce que, comme nous venons de le faire voir, le frottement à l'essieu n'est qu'une très petite fraction du tirage et que par conséquent celui-ci ne peut être modifié par son diamètre ; elle est considérable sur les chemins de fer, où ce frottement est presque tout le tirage, parce qu'en diminuant les chargements on peut aussi diminuer les essieux. Nous traiterons tout à l'heure la question du diamètre de la roue d'une manière particulière, mais on voit déjà, d'après ce que nous venons de dire, que cette question est encore plus importante sur les chemins de fer que sur les routes ordinaires, parce que cette dimension y a beaucoup plus d'influence pour diminuer le tirage total.

De la largeur des bandes.

Une des questions les plus importantes qu'on puisse se proposer sur le tirage des voitures puisqu'elle renferme à elle seule toute la législation du roulage, est celle-ci : *Quelle largeur de bande faut-il donner aux roues des voitures sur les chaussées pavées et sur les chaussées d'empierrement ?*

Jusqu'à présent on avait pensé que le tirage augmentait plus rapidement que la pression, et diminuait avec la largeur de la bande, (voir les formules que nous avons citées plus haut), on en concluait qu'il y avait double avantage pour l'industrie des transports à augmenter ses bandes et à diminuer ses poids.

Cependant le roulage a toujours cherché à éluder les prescirptions des tarifs en augmentant au contraire ses poids autant que possible et diminuant ses bandes. Une aussi longue résistance de la part d'une industrie sans cesse sollicitée par la concurrence à diminuer ses prix et par conséquent ses dépenses, aurait dû faire soupçonner que les prescriptions de la loi étaient en contradiction avec son intérêt. Si on admet les résultats de nos expériences, on n'aura plus aucun doute à cet égard, le tirage étant en effet proportionnel au poids, il y a toujours avantage à surcharger une voiture, puisqu'on augmente le poids utile transporté (*i*); il y a économie dans les frais de conduite à n'avoir qu'une voiture pésamment chargée au lieu de plusieurs voitures légères, enfin la largeur de la bande qui dépasse celle qui est prescrite par les conditions de solidité et de stabilité ne diminuant pas le tirage est onéreuse par le poids inutile qu'elle ajoute à la voiture et par le surcroit de dépense qu'elle nécessite dans le prix d'achat. Reste à examiner maintenant si, dans l'intérêt des routes, la largeur de la bande est aussi avantageuse qu'on l'a supposé. Voici sur cette question quelques faits qui nous semblent propres à la décider.

Les roues neuves se composent d'une jante de bois cylindrique revêtue d'une bande de fer cylindrique aussi. Si maintenant on compare une roue neuve avec une roue vieille (fig. 5), on sera étonné de la déformation que l'usage lui aura fait subir, le fer ne

(*i*) Si le travail perdu dans le sol ne croissait qu'en raison du poids il faudrait charger indéfiniment les voitures. (Mémoire de M. Coriolis, Annales septembre 1832).

s'est pas usé parallélement à sa surface, les bords de la bande se sont arrondis et se relèvent presque verticalement, le bois lui même sur lequel la bande est clouée est infléchi, de rectiligne qu'il était, devient arrondi, et présente comme la bande la forme d'une demi-ellipse. En suivant attentivement la marche de cette déformation, on remarque qu'au bout d'un temps assez court, les cercles extrêmes de la bande sont dentelés par des morceaux de fer etirés, qui se détachent des parties voisines des bords, et que ces parties sont sillonnées par des raies transversales très-profondes. Ce sont ces raies sans cesse renouvelées, et qui avec le temps s'éloignent un peu plus des bords, qui finissent par donner aux bandes les formes que nous venons d'indiquer.

Ce fait de la courbure des bandes étant général et d'une grande importance pratique, nous avons cherché à nous en rendre compte par un examen direct de ce qui se passe au contact de la roue sur la route, et voici ce que nous avons cru appercevoir. Lorsqu'une roue passe sur un terrain un peu mou, il résulte toujours de ce passage une cavité ou ornière, bordée de deux bourrelets formés par les molécules du sol qu'on voit s'échapper à droite à gauche et par celles qui, sans être touchées immédiatement par la bande, sont soulevées par la transmission latérale de la pression. Outre ces deux bourrelets, lorsqu'on arrête la roue et qu'on la fait reculer on en apperçoit un troisième en avant. Une partie des molécules de ce bourrelet transversal, lorsque la roue s'avance, s'échappe et prolonge les bourrelets latéraux; l'autre partie est poussée en avant, et se complette par les molécules que la pression désagrége du sol. En un mot, l'effet de la pression de la roue sur le sol consiste en grande partie à en détacher une certaine quantité de molécules et à les chasser à droite et à gauche de la bande après leur avoir fait parcourir sous sa largeur un trajet d'autant plus long qu'elles en étaient plus près du milieu. C'est ainsi que dans les manèges où on écrase du mortier ou de l'argile, on voit la matière à broyer fuir sous les bords de la roue, et après quelques tours, laisser entièrement à nu l'aire sur laquelle on l'avait étendue.

Les roues qui ne roulent que sur le pavé prennent aussi cette forme arrondie, ce fait trouve une explication simple dans l'effet des aspérités de la surface et du jeu qui existe à l'essieu. Si on examine la marche d'une roue sur le pavé, on verra que le plan de cette roue s'approche et s'éloigne sans cesse de la voiture, s'incline à droite et à gauche, suivant que l'obstacle est près du bord intérieur ou extérieur de la bande. De ces mouvements il en résulte des raies transversales comme sur les chaussées d'empierrement et elles ont le même effet sur la forme de la bande; en un mot sur l'empierrement c'est le mouvement transversal des molécules du sol qui raie les bandes; sur le pavé, c'est le mouvement transversal des bandes occasionné par les aspérités du sol qui produit le même effet.

Les bandes prenant forcément sur les routes une courbure très-prononcée, il s'ensuit qu'elles ne peuvent avoir avec le sol qu'un contact très-peu différent quelque soit leur largeur, ainsi que l'indique la figure 6, où nous avons superposé les profils de bandes les plus employés. Nous avons fait d'ailleurs une expérience directe qui nous paraît concluante, en faisant passer des voitures de diverses largeurs de bande, sur des chaussées légèrement mouillées, l'humidité traçait alors sur le milieu de ces bandes des zones de largeur à peu près égales, elle n'était guère que $0^m,09$ sur la bande de $0^m,17$. On reconnait aussi par l'examen du frayé que la pression ne se repartit même pas uniformément dans toute cette largeur, et que près des bords elle est presque nulle.

Il nous parait donc impossible d'obtenir une largeur de contact déterminée, et toute prescription des lois à ce sujet ne peut qu'être illusoire. Une autre cause tend encore à diminuer le contact, c'est l'inclinaison des essieux; dans l'expérience dont nous venons de parler, la zone humide tracée sur les roues d'une diligence de $0^m,14$ de bande n'avait que $0^m,06$ de largeur. Nous pensons donc que les larges bandes sont bien loin d'avoir sur le bon état des routes l'influence que la législation leur suppose. Ainsi après avoir exclu les bandes qui, à force d'être étroites deviennent tranchantes et auxquelles on ne peut pas plus appliquer les lois du tirage, qu'on ne peut appliquer les lois du frottement aux corps qui glissent sur des arêtes aigües; nous croyons qu'il faut laisser à l'industrie du roulage résoudre la question de la largeur de la bande. C'est la stabilité de la voiture, la solidité, la durée de la roue qu'on doit consulter. L'intérêt de la route est presque étranger dans la fixation de cette dimension. Une bande de $0^m,17$ de largeur n'est réellement au bout de quelques jours qu'une bande de $0^m,14$ à $0^m,15$ et au bout de quelques mois que de $0^m,11$ à $0^m,12$ pour la route, si cette dernière a un peu de consistance.

Ce que nous avons dit des chaussées d'empierrement peut s'appliquer aux chaussées pavées, les bandes, en s'arrondissant, perdent beaucoup de l'avantage de diminuer le tirage, avantage qui était dû à leur largeur, elles perdent aussi celui de porter sur deux pavés et par conséquent d'être moins nuisibles à son bon état. Nous ne pensons donc pas que ces chaussées peu nombreuses en comparaison des chaussées d'empierrement exigent une disposition spéciale dans la loi sur la police du roulage.

Une autre conséquence importante qui résulte du mode de détérioration des bandes, c'est que la forme rectiligne qu'on leur donne n'est pas celle qu'elles devraient avoir, il y aurait nécessairement avantage à leur donner cette forme elliptique à laquelle les ramène bientôt l'usage, on trouverait dans cette forme ou une diminution de poids et par conséquent une diminution de prix et de tirage ou une plus longue durée. Nous ignorons si la forme arrondie que les entrepreneurs des messageries anglaises donnent aux bandes de leurs voitures, est basée sur cette considération ; mais nous sommes certain qu'elle est avantageuse à l'économie du transport. Il ne faudrait pas cependant que la courbure fût plus prononcée que que celle des (fig. 5 et 6) ; car d'abord l'usage de la roue l'y ramenerait, mais ce serait aux dépens de la route, comme c'est aux dépens du fer de la bande que cette courbure se produit lorsqu'elles sont rectilignes.

Au reste il y a sur la manière dont les bandes s'usent par le frottement avec la route une étude intéressante à faire, parce qu'on en pourrait peut-être tirer des conséquences importantes non-seulement sur l'influence de leur largeur et de leur forme sur leur usure, mais sur celle de la route elle-même. Car il serait peut-être permis de supposer que là où il y a la plus petite perte de fer, il y a aussi moins d'usure de route. Nous n'avons pu nous procurer sur cette question qu'un seul terme de comparaison ; les roues de 0^{m},17 de bande après un parcours de 4800 lieues sont en général hors de service et leurs bandes ont perdu 240^{K} de leur poids primitif, ce qui fait 1^{K} par 20 lieues, ou 0^{K}, 0143 par lieue et par tonne de charge utile. Un calcul semblable fait sur d'autres largeurs de bandes donnerait un moyen de comparer l'influence de cette dimension sur l'usure du fer et sur celle de la route, et nous ne serions nullement étonné, que sous ce rapport l'avantage ne restât aux bandes étroites.

Qu'on nous permette encore une observation sur les dimensions du contact des roues. Pourquoi la législation ne s'occupe-t-elle que de sa largeur? penserait-on par hasard que sa longueur est si petite et si peu variable qu'on peut la négliger? Ce serait une erreur. La propriété du frottement de seconde espèce de passer à une distance δ de la normale, peut donner, sur cette dimension du contact, quelques notions importantes.

En effet on est obligé d'admettre, qu'en avant et en arrière de la résultante se trouvent des composantes provenant de molécules comprimées, et par conséquent que le contact s'étend au delà de la normale non-seulement de δ, mais d'une autre quantité dont la longueur inconnue peut être supposée égale au moins à δ, puisque les forces situées en avant de ce point font équilibre à celles situées en arrière. En admettant

8

donc que la normale soit toujours au milieu du contact, on en conclura que son étendue doit être d'au moins 4δ, ce qui place la résultante aux 3/4 de sa longueur. Or d'après ce que nous avons vu, on a :

$$4\delta = 2\rho\sqrt{D} = 2\frac{\rho}{\sqrt{D}}D = 2 F D.$$

Pour une roue ordinaire de 2 ^{m} de diamètre, sur une chaussée médiocre, où le frottemet à la bande F serait 0,035, la longueur minimum du contact serait $0^m,14$, c'est-à-dire, que pour une roue de $0^m,14$ de bande parfaitement cylindrique la surface de contact serait un quarré qui aurait $0^m,14$ de côté. Nous avons dit que c'était là la longueur minimum, parce que nous ne pouvons tenir compte de la pression qui, quoique sans influence sur δ, ne l'est certainement pas sur l'étendue du contact. On doit donc admettre que, pour une pression un peu forte, le contact aurait bien plus de longueur que de largeur. Il est bien vrai que dans toute l'étendue de cette longueur la pression n'est pas la même ; que, nulle aux extrémités, elle est à son maximum vers le point ou passe la résulante. Mais, comme la somme des pressions partielles est toujours égale au poids total de la voiture, il n'en faut pas moins admettre que la grandeur du diamètre, en allongeant la surface de contact, et divisant la pression sur une plus grande étendue diminue aussi les pressions partielles et même la pression centrale. Une législation basée sur l'étendue du contact, devrait donc aussi réglementer les diamètres des roues, pour être conséquente à son principe. Ce que nous venons de dire n'est point une hypothèse purement théorique dont on ne puisse vérifier la réalité ; car qui empêcherait de comparer l'ornière creusée par une petite roue qui aurait passé un certain nombre de fois sur une surface donnée, à celle qu'aurait creusée une roue d'un plus grand diamètre ? Nous n'avons point fait l'expérience, mais nous sommes convaincu qu'elle serait en faveur de la plus grande roue. Le tirage peut servir jusqu'à un certain point de mesure de l'impression laissée par la roue sur la route, et on sait maintenant quelle est l'influence du diamètre sur cette résistance.

Nous n'avons parlé jusqu'à présent que du contact de la roue cylindrique, que sera-ce donc si on admet, (et comment n'admettrait-on pas un fait qui est sous les yeux de tout le monde?), que la bande est toujours arrondie dans sa largeur? La pression alors n'est plus uniforme dans chaque tranche, non-seulement elle diminue en allant en avant ou en arrière de la normale, mais à droite et à gauche. La surface du contact n'est plus alors un quarré ou un rectangle; c'est une courbe elliptique, dont le grand axe s'allonge plus rapidement avec le diamètre que ne le fait le petit, lorsque la largeur de la bande augmente. Dans l'état réel des choses, le diamètre de la roue a donc beaucoup plus d'influence sur les dimensions du contact que la largeur de la bande. Ainsi, même sous ce point de vue, la législation est tout-à-fait incomplette. Mais en admettant qu'on parvienne à corriger les tarifs, d'après une connaissance parfaite de la manière dont la pression se distribue autour du point de contact, suivant les dimensions de la roue, on n'aura, selon nous, imposé qu'une entrave bien gênante pour le roulage et bien peu utile à l'entretien des routes.

Qu'importe en effet, lorsqu'une roue attaque un caillou isolé, que la bande ait 11, 17 ou 25 centimètres de largeur? Le résultat est toujours le même, c'est l'écrasement du caillou, si la pression dépasse sa résistance absolue; et peut-on empêcher que dans les saisons très sèches et très humides, au moment où l'ornière, le trou viennent d'être recomblés, que les matériaux ne se présentent isolément sous les roues? Qu'une série de voitures, dont la charge sera du double de la résistance maximum des matériaux, vienne à passer alors, et tous les matériaux sont réduits en poussière ou en boue, quelque soit la largeur de la bande.

Voilà, selon nous, le mal qui résulte de la législation actuelle; le roulage, ayant intérêt à augmenter ses chargements, et pouvant le faire impunément en augmentant proportionellement ses largeurs de bande, finit nécessairement par dépasser la résistance maximum desmatériaux. Voilà ce qu'une nouvelle législation devrait se borner à empêcher, en limitant le maximum des chargements au dessous de la résistance maximum d'une certaine partie des matériaux employés à l'entretien des routes. Ainsi, par exemple, nous avons constaté par des expériences que, sur certaines routes, un dixième des matériaux consacrés à leur entretien ne saurait être écrasé par une pression de 2000^{k}; n'est-il pas évident que si la pression maximum était limitée à 4000^{k}, ces matériaux ne pourraient être qu'enfoncés dans la chaussée, où ils ne feraient plus que s'user par frottement jusqu'à ce qu'ayant ainsi perdu de leurs dimensions primitives leur résistance fût descendue au-dessous de 2000^{k}, ce qui serait fort long? N'est-il pas évident qu'au bout de quelques années la chaussée en serait presqu'entièrement composée et deviendrait ainsi plus dure, plus unie, d'un entretien plus facile et moins dispendieux, puisqu'il suffirait d'y remplacer les cailloux broyés qui en forment le ciment? Pour les routes, l'avantage d'une pareille législation, ne peut donc être contesté; pour l'industrie du roulage, nous allons faire voir qu'elle trouverait, dans la liberté de faire porter ce maximum de chargement sur une bande plus étroite, une compensation suffisante, qui lui permettrait de ne pas augmenter ses prix actuels. Car c'est une condition indispensable à laquelle doit satisfaire toute législation nouvelle sur le roulage; quelqu'avantageuse qu'elle fut aux routes, elle serait certainement mal accueillie, si elle avait pour résultat une augmentation du prix de transport. Ainsi toute prescription nouvelle nécessite une compensation équivalente. Mais avant d'aller plus loin, faisons voir que le principe de la législation actuelle a déjà été attaqué avant nous; que l'inutilité des larges bandes avait déjà été reconnue; que nous n'avons fait qu'apporter, à l'appui d'une opinion déjà émise, des faits et des arguments nouveaux, qui permettent de ne reculer devant aucune des conséquences qu'on peut en déduire.

M. Schwilgué, dans un Mémoire que nous avons souvent cité, avait dit : *(page 194)* « que pour que la » proportionnalité des pressions aux largeurs de » bande puisse être appliquée aux roues des voitures, » il faudrait que *leurs jantes portassent dans toute leur*

» *largeur, ce qui n'a pas lieu dans l'état actuel des*
» *choses*, à cause des inégalités que présente la chaus-
» sée ; aussi la proportionnalité ne doit elle pas être
» observée.

M. Navier, dans ses Considérations sur la police du roulage, s'exprime ainsi : *(page 28)*.

» La surface sur laquelle porte la jante présente
» généralement des inégalités *et il arrive fréquemment*
» *qu'une large jante se trouve supportée de la même*
» *manière que le serait une jante plus étroite. L'avan-*
» *tage résultant de l'excès de largeur disparait alors, et*
» *la jante large, chargée d'un lourd fardeau, écrase des*
» *matériaux qui auraient résisté à l'action d'une jante*
» *étroite moins pesante.* Par conséquent, si on voulait
» satisfaire réellement à la condition qu'une voiture
» pesante ne fut pas plus destructive qu'une voi-
» ture légère, condition qui parait essentielle, il
» faudrait augmenter les chargemens dans une pro-
» gression moindre que la largeur des jantes, afin de
» compenser par là l'influence des inégalités de la
» surface des chaussées et de la grandeur absolue
» des efforts qui y sont exercés. »

Enfin dans l'interrogatoire de M. James Mac-adam, cité dans le même ouvrage, on trouve le passage suivant : *(page 145)*.

« En ayant égard seulement à l'intérêt de la route,
» je préfèrerais une roue de 4 p^ces 1/2 (0^m,114) à
» bandes plates, à aucune autre espèce de roues qui
» peut être faite, étant d'opinion *qu'une bande de*
» *plus grande largeur ne peut jamais toucher la sur-*
» *face d'une grande route bien faite.* D. — Alors vous
» prescririez cette largeur comme la largeur mini-

» mum des routes, quelque soit la charge? — *Oui, je*
» *ne pense pas qu'aucune augmentation de largeur fût*
» *utile.* »

On voit d'après ces citations que le peu d'influence de la largeur de la bande sur celle du contact était un fait connu et apprécié, mais on ne lui donnait d'autre cause que le bombement ou les inégalités de la chaussée; on ne parlait pas de la cause la plus puissante, de la courbure de la bande, courbure inévitable et qui a sur la largeur du contact une influence bien plus prononcée, puisque le bombement de la chaussée n'est que du quarantième au cinquantième, tandis que la flèche de la bande peut aller jusqu'au cinquième de sa largeur; de sorte que, quand même les chaussées seraient plates et unies, le contact ne pourrait jamais avoir lieu dans toute la largeur de la bande.

Il est des circonstances cependant, où les bandes ont avec la route tout le contact dû à leur largeur, et paraissent par conséquent rendre tout le service qu'on doit en attendre. C'est lorsque les chaussées sont molles, désagrégées et en mauvais état; mais nous ferons observer que ces circoutances sont beaucoup plus rares qu'on ne le pense. Une chaussée n'est pas toujours aussi mauvaise pour le tirage qu'elle le parait au premier coup d'œil; le fond des ornières, même les plus profondes, est souvent un sol assez dur et assez solide pour que le tirage ne soit que légèrement augmenté par cette circonstance. Ce n'est que lorsque par négligence on a trop attendu pour combler les ornières, que la route, quoique unie, se composant d'un massif mobile d'une certaine épaisseur, devient très tirante et que les roues peuvent alors y laisser une empreinte de toute leur largeur. Ainsi une route rouagée n'est pas toujours une mauvaise route, et une route unie n'est pas toujours une bonne route, nous pouvons citer à l'appui de cette opinion les séries d'expériences (23) (24) et (25) du tableau général. Les premières sont faites sur des bernes parfaitement unies, mais sabloneuses, le tirage varie de 45^{k} à 42^{k} par tonne, tandis que sur la chaussée rouagée (n° 25), il n'est que de 38^{k} à 39^{k}. Il ne faut donc pas toujours conclure de ce que la chaussée est rouagée qu'elle est mauvaise et molle et qu'une bande large a avec le fond de l'ornière un contact proportionné à sa largeur. Reste donc le cas où les ornières viennent d'être recomblées à la pèle, et ont besoin d'être cylindrées. Or il nous parait injuste d'imposer à l'industrie des transports un fardeau inutile pendant dix mois de l'année et qui, s'il est utile dans les deux autres pourrait, être facilement remplacé par une main d'œuvre spéciale.

Quant à la compensation que nous offrons au roulage pour réduire son maximum de poids à 4000^{k}, il est facile de voir qu'elle est suffisante pour qu'il ne résulte pas d'augmentation dans le prix de transport. En effet la voiture que nous proposons se composera :

d'une paire de roues pesant. . . . . 600^{k},
(les roues actuelles de 0^{m},14 pèsent 510^{k},
nous supposons qu'on augmente un peu l'épaisseur de la bande).
d'un essieu et d'un corps de voiture pesant. . 520
(comme pour les voitures actuelles de 0^{m},14)
il restera donc un poids utile de. 2880
ou 0,72 du poids total. . . . . 4000^{k}

plus fort que les voitures de 0^{m},17 qui sont les

plus favorisées par la législation actuelle. Pour compenser l'augmentation de dépense des frais de conduite, il restera une diminution de tirage résultant de plusieurs causes, 1° de l'amélioration de la route, 2° du diamètre de l'essieu qui pourra être plus petit, 3° du diamètre de la roue qui pourra être plus grand, comme on le verra tout à l'heure. Mais nous n'avons pas tenu compte de cet avantage dans le calcul qui précède ; nous n'offrons d'ailleurs cette compensation résultant de la diminution de tirage qu'en seconde ligne et très subsidiairement, car l'intérêt que le roulage peut trouver dans cette diminution n'est pas aussi grand qu'on le pense généralement. Nous croyons, à ce sujet, devoir refuter ici le passage suivant des Considérations sur la police du roulage de M. Navier, où cet intérêt nous paraît avoir été mal apprécié, *(pages 107 et suivant.)* :

« Notre opinion est principalement fondée sur cette » considération, que la valeur du travail des che- » vaux formant toujours à elle seule la partie princi- » pale du prix de transport, (elle en est au moins les » troisquarts), ce prix s'établit surtout d'après l'inten- » sité de l'effort du tirage nécessaire pour transporter » un poids donné. Or cet effort dépend lui-même de » l'état de la route et varie en raison de cet état et » dans des limites très étendues. De plus, lorsqu'une » route meilleure donne lieu à un tirage moindre, les » voitures n'ont pas besoin d'être aussi lourdes et » aussi solides. Elles coûtent moins à entretenir, et » le poids inutile est alors moins grand. Ainsi toutes » les parties de la dépense diminuent en même tems » que l'intensité de l'effort du tirage et la partie prin-

» cipale diminue dans une proportion plus rapide que » les autres. On peut dire par exemple que, *si l'effort » du tirage était réduit à moitié, il s'en faudrait peu que » la dépense totale ne fût aussi réduite à moitié.* »

Nous contesterons d'abord la possibilité de réduire le tirage à moitié. M. Navier suppose que sur les routes de France, dans leur état actuel, il est moyennement du 15me du poids ou de 66^{k} par tonneau. C'est une évaluation qui nous paraît tout-à-fait exagérée. D'après nos expériences, nous croyons pouvoir affirmer que, pendant plus de neuf mois de l'année, le transport se fait sur les chaussées d'empierrement avec un tirage de moins de 40^{k} par tonne. Le tirage moyen ne doit certainement pas surpasser 45^{k}, et comme le tirage sur une bonne chaussée d'empierrement est de 30^{k} et qu'on ne saurait empêcher que par suite de dégels, de pluies, des rechargemens, il ne s'élève quelque fois au-delà ; nous croyons qu'on ne pourra guère ramener le tirage moyen qu'à 34 ou 35^{k}, c'est-à-dire, que la réduction ne pourra être tout au plus que du 1/4 du tirage actuel et non pas de la moitié. Mais en admettant même qu'il pût être réduit de moitié, il s'en faudrait encore de beaucoup que la dépense du transport ne fût aussi reduite dans le même rapport. Car il faudrait pour cela que le roulage pût diminuer de moitié le nombre de ses chevaux, et c'est ce qu'il ne pourra jamais faire, à cause des pentes des routes qui l'arrêteraient à chaque instant. Sur une pente de 0,066 par exemple, pente assez fréquente sur les routes, le tirage total ne serait plus réduit que du quart par l'effet de l'amélioration de la chaussée, même en admettant les chiffres de M. Navier, (il ne serait réduit que de 1/10me en admettant les notres); et par conséquent, si le moteur était réduit de moitié, il deviendrait tout-à-fait insuffisant. C'est une considération qui du reste n'a pas échappé un peu plus loin à M. Navier, lorsqu'il propose de substituer des chaussées pavées aux chaussées d'empierrement. Il observe avec raison (page 140), que la diminution dans les frais de transport n'aurait lieu qu'autant, que l'inclinaison des pentes serait également diminuée. Or il n'est pas question quant à présent de diminuer l'inclinaison des pentes, faut-il donc s'étonner que le roulage ne se montre pas satisfait de la diminution de tirage qu'on lui offre en compensation des nouveaux tarifs, diminution dont il ne pourra tirer parti, qu'autant que les routes seront refaites entièrement suivant de nouveaux tracés, car la réduction des pentes à 3 centimètres n'exigerait pas moins?

Quant à élargir les bandes en diminuant leur épaisseur, de manière à ne pas augmenter le poids des roues, (*M. Navier, page* 122), cela est tout-à-fait impossible. L'épaisseur des bandes est reglée aujourd'hui de manière à ce que le fer use le bois et le bois use le fer, c'est-à-dire, de manière à ce que l'un ne dure pas plus que l'autre. En s'écartant des dimensions réglées par l'expérience, on éprouverait des pertes considérables sur la construction des roues, dont le bois se trouverait trop fort pour n'user qu'un bandage, et trop faible pour en user deux. Nous sommes convaincu, au contraire, par l'étude que nous avons faite de la manière dont s'usent les roues, que plus la bande est large plus elle doit être épaisse pour préserver le bois du contact de la route; il est vrai que si la voiture n'est pas plus chargée la bande durera plus long-tems, mais pour pouvoir profiter de cet avantage, il faudra augmenter la force du bois et alors on sera amené, comme nous venons de le dire, à donner à la roue un poids plus considérable tant en bois qu'en fer. Ainsi en augmentant la largeur des bandes, on augmente nécessairement le poids des roues, le poids inutile de la voiture et le prix de transport.

En résumé, voici notre opinion sur la législation du roulage : L'industrie des transports à intérêt à augmenter indéfiniment les chargements, parce que le tirage est toujours proportionnel à la pression, et que le poids inutile et les frais de conduite diminuent quand les chargements augmentent; il est au contraire, de l'intérêt de l'entretien des routes de diviser le plus possible les chargements, de manière à obtenir des pressions absolues inférieures au maximum de résistance des matériaux. Une législation est donc indispensable pour maintenir ces deux intérêts dans les limites qui doivent donner le prix de transport minimum, tous frais compris. La largeur de la bande est un remède illusoire au mal occasionné par l'excès des chargements, c'est une entrave dont on peut sans inconvénient débarasser le roulage et en retour de la quelle il pourrait descendre son maximum de pression à 2000k par roue sans augmenter le prix des transports. Ainsi, *bande minimum*, *pression maximum*, telles doivent être les bases d'une nouvelle législation du roulage; l'amélioration des routes, l'économie dans les frais d'entretien, le maintien des prix actuels de transport en seraient les résultats.

Diamètre des roues.

Après avoir considéré les roues sous le rapport de la largeur de leur bande, nous allons chercher quel est le diamètre le plus avantageux à leur donner pour avoir le moins de tirage possible.

Le cas le plus simple qui puisse se présenter est celui où on aurait un poids indivisible à transporter, comme le serait un bloc de pierre ou une machine à vapeur d'une locomotive.

Soient : P le poids total de la voiture,
S le poids du corps de la voiture,
Q le poids à transporter,
V la charge sur l'essieu,
D le diamètre des roues,
p le poids des roues $= \varphi(D)$,
ρ le frottement à la bande,
f le frottement à l'essieu,
$\gamma = fd$ le produit du frottement à l'essieu par le diamètre de l'essieu.

Dans le cas que nous considérons le tirage sera :

$$\rho\,(V + p)\,D^{-\frac{1}{2}} + V\,\gamma\,D^{-1}$$

En supposant que le poids de roues soit proportionnel à une puissance de leur diamètre kD^m, le maximum de l'expression ci-dessus sera donné par :

$$p = \frac{V}{2m - 1}\left(1 + \frac{2\gamma}{\rho\,D^{\frac{1}{2}}}\right)$$

équation qu'il est facile de résoudre par approximation, lorsqu'on connait m. On peut supposer que le poids des roues augmente comme si elles étaient pleines, et on a :

$$m = 2 \qquad p = \frac{V}{3}\left(1 + \frac{2\gamma}{\rho D^m}\right)$$

En faisant d'abord $p = \frac{V}{3}$, on a pour D une valeur trop petite $D = \sqrt{\frac{V}{3k}}$, qui mise dans l'équation donnera une valeur trop grande.

On pourra ensuite resserrer ces limites et avoir pour p une valeur très-approchée.

Si, pour vérifier ce résultat, on l'applique aux roues des machines locomotives sur les chemins de fer, on trouvera que le poids des roues n'est jamais le tiers de celui de la machine à transporter. Ce qui tient sans doute à ce que le poids de ces machines est déjà trop considérable pour les rails, à la difficulté d'exécution et au prix des grandes roues, enfin aux dangers qu'elles présenteraient par la facilité avec laquelle elles pourraient sortir de la voie. Nous ferons d'ailleurs observer que cette équation ne tient pas compte de la résistance des rebords qui doit être proportionnelle au poids total. Nous n'avons pas assez de notions sur l'intensité de cette résistance pour essayer de l'introduire dans le calcul.

Le cas le plus général de la question qui nous occupe est celui où le poids total de la voiture est fixé par la législation ou par la résistance absolue du chemin qu'on ne doit pas dépasser, c'est le cas des waggons et des voitures de roulage ordinaire. Il ne s'agit plus alors d'avoir un tirage absolu minimum, mais un tirage minimum relatif au poids des marchandises contenues dans la voiture, la quantité à rendre un minimum est donc :

$$\frac{\rho P D^{-1/2} + \nu P D^{-1} - \nu p D^{-1}}{Q}$$

Or on a toujours $P = Q + S + p$, on peut donc faire disparaître une des variables, ce qui donne :

$$\rho \frac{P D^{-1/2} + \nu P D^{-1} - \nu p D^{-1}}{P - S - p}$$

La valeur de p, qu'on tire de cette équation est assez compliquée, mais on peut la simplifier beaucoup, en négligeant dans l'expression précédente νp, ce qui revient à supposer que le poids de la roue augmente aussi le frottement à l'essieu. Alors en faisant les mêmes suppositions que ci-dessus, on arrive à :

$$p = \frac{\rho D^{1/2} + 2\nu}{(2m+1)\rho D^{1/2} + 2\nu(m+1)} \left(P - S\right)$$

Si $m = 2$,

$$p = \frac{\rho D^{1/2} + 2\nu}{5\rho D^{1/2} + 6\nu}\left(P - S\right) = \left(\frac{1}{5} + \frac{1}{6,25\frac{\rho}{\nu}D^{1/2} + 7,50}\right)(P - S)$$

Si on veut appliquer cette formule aux waggons des chemins de fer, il n'y a qu'à substituer dans cette formule les valeurs de ρ, ν et $P - S$, telles qu'elles sont données dans la plupart des ouvrages :

$$\rho = 0,002\,;\ \nu = fd = \frac{1}{25} \times 0,06 = 0,0024$$

$$P - S = 3000^{k}$$

enfin une roue de 1^{m} pesant 120^{k} et les wagons devant avoir 4 roues, $p = 480^{k}\, D^{2}$, on a donc :

$$D = 2,50 \sqrt{\frac{5\, D^{1/2} + 12}{25\, D^{1/2} + 36}}$$

équation qui est résolue par $D = 1^{m}, 31$.
En donnant ce chiffre qui repose sur des données bien incertaines, les valeurs de ρ et de ν par exemple,

nous ne prétendons pas le présenter comme devant produire le maximum de l'effet utile du tirage sur les chemins de fer (j). Les divers détails de construction de ces chemins, des roues, des waggons etc., nous sont trop peu connus pour que nous puissions être assuré que le diamétre déterminé par le calcul précédent n'ait pas des inconvénients d'une autre espèce dont nous n'avons pas tenu compte. Nous avons seulement voulu faire voir que, quoique la résistance au tirage diminuât rapidement avec le diamètre des roues, ce diamètre se trouvait cependant limité par le poids maximum que peuvent supporter les rails et par le poids de la marchandise transportée qui, diminuant lorsque le poids des roues augmente, détruit une partie de leur effet utile. Quoiqu'il en soit, il y a là un problème à résoudre, et l'expérience acquise sur les chemins de fer n'est peut être pas encore assez longue pour qu'on puisse supposer que l'intérêt particulier a déjà trouvé la solution la plus avantageuse.

Sur les routes ordinaires, ce problême semble au contraire avoir été résolu par l'industrie du roulage avec une précision mathématique.

Sur ces routes, on peut sans erreur sensible réunir le frottement à l'essieu, toujours très faible, avec le frottement à la bande', et supposer que tous deux décroissent en raison inverse de la racine quarrée

(j) Nous avons déjà fait remarquer que sur les chemins de fer le frottement à l'essieu était la plus grande partie de la résistance, les 3[5 environ, et que par conséquent il pouvait y avoir intérêt sur ces chemins à diminuer les chargemens pour avoir des essieux d'un diamètre plus petit. La solution complette du problême que nous nous sommes proposé exigerait donc qu'on connut les relations qui doivent exister entre le diamètre de l'essieu, sa charge et le poids du corps de la voiture.

du diamètre ; cette supposition amène à l'équation :

$$p = \frac{P - S}{2m + 1}$$

$$\text{ou} \quad p = \frac{1}{5}\left(P - S\right) \quad \text{pour } m = 2$$

Mettons successivement dans cette formule pour P, les divers poids autorisés par la loi du roulage, d'après la largeur des jantes, pour S les poids correspondants des corps de voiture, et comparons les résultats du calcul avec le poids des roues en usage, nous formerons ainsi le tableau suivant :

LARGEUR de la BANDE.	P POIDS autorisés.	S POIDS du corps de la voiture et de l'essieu.	$\frac{1}{5}(P-S)$ POIDS des roues, calculé.	POIDS des roues en usage.	OBSERVATIONS.
0,m08	1300k	260k	208k	240k	Les renseignemens pratiques de ce tableau sont puisés dans le mémoire de M. Schwilgué.
0, 11	2400	390	402	510	
0, 14	3600	520	616	680	
0, 17	5000	650	870	930*	*M. Schwilgué ne porte que 860 k. Nous croyons d'après quelques pesées ce chiffre trop faible
0, 25	7000	990	1202	1,210	

(Nous avons porté dans la colonne des poids autorisés les chiffres relatifs à l'hiver, c'est en effet la saison où il importe le plus que la condition du maximum d'effet utile soit remplie.) Nous devons faire remarquer que le poids des roues n'est pas constant, il est le plus grand possible lorsqu'elles sont neuves et va sans cesse en diminuant. Ainsi, dans la réalité, pour satisfaire le plus long-temps possible à la condition du maximum d'effet utile, le poids des roues neuves doit être un peu supérieur à celui indiqué par le calcul. Or en comparant les chiffres des deux dernières colonnes, on trouve que non-seulement la théorie et la pratique sont à peu près d'accord, mais que les légères différences qu'elles présentent semblent tenir compte d'une considération qu'on n'avait pas fait entrer dans le calcul. Dans l'état actuel de la législation du roulage il n'y aurait donc aucun avantage à augmmenter le diamètre des roues, puisque cela ne pourrait se faire qu'en augmentant leur poids. Si au contraire, comme nous le croyons utile dans l'intérêt des routes, on diminuait les poids autorisés en laissant au roulage, la liberté de les faire porter sur des bandes d'une largeur moindre, il pourrait en résulter une augmentation dans le diamètre des roues et par conséquent une diminition dans le tirage.

Nous n'avons au reste considéré le tirage que d'une manière absolue, abstraction faite de la nature des moteurs. Lorsqu'on employe des chevaux, il faut avoir égard à la hauteur du point d'application du tirage, qui au-dessus de l'essieu augmente la pression et au-dessous la diminue, dans un rapport qui dépend du mode d'attelage. Cette considération introduite dans le calcul tendrait à diminuer le diamètre des roues, mais on doit observer que, pour des valeurs de D peu différentes de 2^{m}, on peut faire abstraction de cette circonstance, parce que l'augmentation de pression résultant du tirage est presque nulle.

Nous avons fait aussi abstraction de la pente des routes. Lorsque cette pente est faible et ne dépasse pas celle où la voiture descend par son propre poids, on retrouve à la descente une diminution de tirage, qui compense l'excédent qu'on avait dépensé à la montée. Mais lorsque les pentes sont fortes il n'en est pas ainsi ; on est obligé, à la descente, de modérer la vitesse par des freins, de manière à ce que la voiture descende seule. On ne doit dans ce cas considérer que la montée seulement, et l'expression à rendre un minimum est :

$$p \frac{\rho D^{-1/2} + i}{P - S - p}$$

i étant la pente du terrain, ce qui donne la relation :

$$p = \frac{\rho}{\rho + \frac{4}{5} i D^{1/2}} \left(\frac{P - S}{5}\right)$$

$\frac{P - S}{5}$ est le poids de la roue qui donne le tirage le plus avantageux en plaine, soient p' ce poids et D' le diamètre correspondant, on aura, d'après les suppositions admises que les poids des roues sont entr'eux comme les quarrés des diamètres :

$$\frac{p}{p'} = \frac{D^2}{D'^2} = \frac{1}{1 + \frac{4 i}{5 \rho} D^{1/2}}$$

$$D = D' \sqrt{\frac{1}{1 + \frac{4 i}{5 \rho} D^{1/2}}}$$

Or en plaine les roues en usage ont 2^{m} environ et s'il est question d'une chaussée d'empierrement on a $\rho = 0{,}04$ donc :

$$D = 2 \sqrt{\frac{1}{1 + 20\, i\, D^{1/2}}}$$

Cette équation donne $D = 1^{m}, 12$ pour une pente de 0,10, $D = 1^{m}, 36$ pour une pente de 0,05. On voit que dans les pays de montagne il est avantageux de diminuer le diamètre des roues. En effet la composante de leur poids qui s'ajoute au tirage fait disparaître l'avantage qui résulte de la diminution de l'intensité de cette résistance par suite de la grandeur du diamètre.

Nous ne pousserons pas plus loin les applications des résultats de nos expériences qui, comme nous l'avons fait voir, ont besoin d'être completées sur beaucoup de points. Nous ferons seulement observer que la propriété des corps roulants de donner un frottement qui diminue avec leur diamètre établit la possibilité théorique de transporter un poids d'un point à un autre avec une dépense de force aussi petite que possible, quelque soit la distance horizontale à parcourir. Car on peut donner à ce corps la forme cylindrique ou le placer au centre d'un cylindre creux et et le faire rouler sur une surface unie. Si on suppose que le moteur soit la pesanteur et qu'au départ on laisse tomber le corps le long d'un plan incliné d'une hauteur h de manière qu'on ait :

$$P\,h = P\,\frac{\rho}{\sqrt{D}}\,l$$

$$h = \frac{\rho}{\sqrt{D}}\,l$$

la chute h suffira pour lui faire parcourir la distance l, et on voit que h peut-être aussi petit qu'on voudra. Car ayant pris pour chemin une surface très-polie de manière qu'on ait ρ aussi petit que possible, on peut augmenter indéfiniment le diamètre D du cylindre.

Dans la pratique, ce problème présente une foule

de difficultés d'exécution, nous en avons signalé quelques-unes dans la question que nous examinions tout à l'heure. Ainsi, les surfaces qu'on peut employer pour chemins ne sont susceptibles que d'une résistance determinée, ce qui limite le poids qu'elles peuvent supporter et par conséquent les diamètres des roues, enfin les grandes roues sont d'une exécution difficile et d'un usage dangereux. Quoiqu'il en soit il est impossible de prévoir d'avance la limite que l'industrie pourra atteindre et les obtacles qu'elle pourra surmonter : on peut donc regarder les routes comme susceptibles d'une perfection indéfinie sous le rapport de la diminution du tirage. C'est un trait caractéristique de ce moyen de transport qui doit nécessairement finir par lui donner la supériorité sur tous les autres.

RÉSUMÉ.

Lorsqu'un corps roule sur un plan, il existe en avant du point de contact une force perpendiculaire à ce plan, dont l'intensité est égale à la pression du corps sur ce plan et la distance au point de contact proportionnelle à la racine carrée du rayon de courbure de la section du corps qui passe par le point de contact et la direction de la vitesse de rotation. La puissance retardatrice de cette force est ce qu'on appelle frottement de seconde espèce, et qu'il serait plus exact d'appeler frottement normal.

Les propriétés de ce frottement considéré, principalement dans le mouvement des voitures, sont d'être :

Sur toutes les espèces de surfaces.	Indépendant de la pente de la surface; Proportionnel à la pression; En raison inverse de la racine quarrée du diamètre;
Sur les surfaces unies, molles ou dures.	Indépendant de la vitesse; ——— de la largeur de la bande; ——— de la suspension;
Sur les surfaces unies et molles.	Diminué par le nombre des roues; lorsque la voie est la même;

Sur les surfaces uniformément raboteuses.

Augmenté par la vitesse pour les voitures non suspendues ;

Diminué par la suspension, d'autant plus que la vitesse est plus considérable ;

Diminué par la largeur de la bande jusqu'à une certaine limite dont on s'approche sans cesse ;

Indépendant du nombre des roues pour la voiture non suspendue; (*Résultat douteux.*)

Diminué par le nombre des roues pour la voiture suspendue ; (*Résultat douteux.*)

Quant aux résultats numériques, voici ceux qui nous paraissent susceptibles de l'application la plus fréquente :

Sur les chaussées en empierrement.

Le coefficient du frottement à la bande peut s'exprimer par une seule constante $\rho = 0,036$, lorsqu'elles sont en très bon état ; ou $\rho = 0,04$, lorsqu'elles sont dans un état ordinaire ; de sorte que le tirage d'une voiture à deux roues est donné par la formule :

$$T = \frac{0,04}{\sqrt{D}} P + 0,12 \left(P - p\right) \frac{d}{D}$$

Sur les chaussées pavées.

Le tirage dépend de la largeur de la bande, et au pas il est donné par la formule :

$$T = \frac{0,0118 + \frac{0,0009}{L + 0,02}}{\sqrt{D}} P + 0,12 \frac{d}{D} \left(P - p\right)$$

Voici pour la plupart des voitures en usage, le rapport du tirage à la pression, tel qu'il résulte directement des expériences du tableau général.

Sur les chaussées en empierrement et en pavé.

NATURE de la voiture.	DIAM. des roues.	LARG. des bandes.	EMPIERRE. pas et trot.	PAVÉ. Pas.	PAVÉ. Trot.
Charette.	1,m82	0,m05	0, 032	0,0021	0, 028
Tombereau.	1, 85	0, 75	0, 031	0,0205	»
Tombereau.	1, 89	0, 11	0, 030	0,0176	»
Tombereau.	1, 90	0, 14	0, 030	0,0166	»
Voit. de roulage.	1, 96	0, 17	0, 029	0,0177	»
Cabriolet.	1, 48	0, 05	0, 036	0,0240	0, 034
Char-à-bancs.	1, 50 0, 86	0, 05	0, 036	0,0300	0, 037
Grandediligence.	1, 50 0, 95	0, 13	0, 029	0,0160	0, 020

Sur des tringles de fer. La résistance d'un cylindre de fer a été trouvée de 0,001 pour 1m de diamètre; $\frac{0,001}{\sqrt{D}}$ exprimera donc cette résistance pour un diamètre quelconque.

EXPÉRIENCES

SUR LE

TIRAGE DES VOITURES.

Tableau Général.

Les résultats moyens sont indiqués à la fin de chaque série, et numérotés entre ( )
Ceux relatifs au pavage, entre ( )'
Les Pressions et Tensions sont exprimées en kilogr.
Les dimensions des roues en mètres.
Les pentes par les tangentes des inclinaisons.
Dans les pentes, les expériences sont toujours faites alternativement en montant et en descendant.

DATES.	Nos D'ORDRE.	SOL.		VOITURE.					
		NATURE DU SOL.	PENTE DU SOL. I	POIDS DE LA VOITURE VIDE.	POIDS DES ROUES. p	LARGEUR DES JANTES.	DIAMÈTRE DES ROUES.	DIAMÈTRE DE L'ESSIEU. d	FROTT. A L'ESSI $f'=f\frac{d}{D}=0,11\frac{d}{D}$
				kil.	kil	mètres.	mètres.	mètres.	
20 9bre 1834	(1)	Pré assez uni, rendu dur par la gelée,	0,00	420	250	0,075	1,82 $\sqrt{D}$ 1,349	0,095	0,0043 f' p 1k,07
20 9bre	(2)	idem.	0, 00	260	90	0,065	0,76 $\sqrt{D}$ 0,872	0,07	0,011 f' p 0,k 99
24 9bre	(3)	Empierrement boueux mais sans ornières.	0,017	420	250	0,075	1,82 $\sqrt{D}$ 1,349	0,76	0.0043 f' p 1k,07
idem	(4)	idem	0,017	260	90	0,065	0,76 $\sqrt{D}$ 0,872	0,07	0,011 f' p 0,99

EXPÉRIENCES.			RESULTAT DES EXPERIENCES.				
VITESSE	PRESSION SUR LA ROUTE. P	TENSION DE LA ROMAINE T	TENSION réduite d'après la pente. $T \pm Pl$	SOMME des coeffi des frott. $F+f$	COEFFICI. du frotte. à la band. F	PRODUITS du frotte. à la bande p. la ra. q. du diam. $F\sqrt{D}$	OBSERVAT
	kil.	kil.	kil.				
Pas et trot.	1450	58	58	0,0407	0,0364		
	1000	40	40	0,0411	0,0368		
	800	32	32	0,0413	0,0370		
	600	25	25	0,0435	0,0392		
	962,50	38,75	38,75	0,0414	0,0371	0,0500	
Pas et trot.	1000	68	68	0,0690	0.0580		
	800	53	53	0,0675	0,0565		
	600	36	36	0.0616	0,0506		
	400	24	24	0,0625	0,0545		
	700	45,25	45,25	0,0661	0,0554	0,0480	
Pas et trot.	1400	76	52,20	0,0380	0.0338		
	1400	26	49,80	0,0363	0,0320		
	1200	66	45,60	0,0389	0,0346		
	1200	22	42,40	0,0362	0.0319		
	1000	46	29,00	0.0301	0.0258		
	1000	20	37,00	0.0381	0.0338		
	800	34	20,40	0,0268	0,0225		
	800	18	31,60	0,0408	0,0365		
	600	32	21,80	0,0381	0.0338		
	600	46	26,20	0,0454	0,0411		
	1000,00	35,60	35,60	0,0367	0,0324	0,0437	Les irrégularités de ces deux séries tiennent à l'état de la chaussée soumise aux expériences et à sa pente.
Pas et trot.	1200	90	69,60	0,0588	0,0478		
	1200	56	76,40	0,0645	0,0535		
	1000	76	59,00	0,0600	0,0490		
	1000	42	59,00	0,0600	0,0590		
	800	66	52,40	0,0667	0,0557		
	800	34	47,60	0,0607	0,0497		
	600	46	35,80	0,0613	0,0503		
	600	26	36,20	0,0620	0,0510		
	900	54,50	54,50	0,0617	0,0507	0,0442	

DATES.	N^{os} D'ORDRE.	SOL.		VOITURE.					
		NATURE DU SOL.	PENTE DU SOL. I	POIDS DE LA VOITURE VIDE.	POIDS DES ROUES.	LARGEUR DES JANTES.	DIAMÈTRE DES ROUES. D	DIAMÈTRE DE L'ESSIEU. d	FROTTEMENT A L'ESSIEU. $f'' = f\frac{d}{D} = 0{,}18\frac{d}{D}$
				kil.	kil.	mètres.	mètres.	mètres.	
24 9bre	(5)	Empierrement assez bon	0,006	420	250	0,075	1,82 $\sqrt{D}$ 1,349	0,065	0,0043 f' p 1,07
id.	(6)	Empierremen très-bon.	0,004	340	90	0,065	0,76 $\sqrt{D}$ 0,872	0,07	0,011 f' p 0,99
25 9bre	(7)	id.	0,004	480	260	0,075	1,82 $\sqrt{D}$ 1,349	0,07	0,0046 f' p 1,20

EXPERIENCES.			RÉSULTAT DES EXPERIENCES.				
VITESSE	PRESSION SUR LA ROUTE. P	TENSION DE LA ROMAINE T	TENSION réduite d'après la pente, $T \pm PI$	SOMME des coeffi. des frott $F+f'$	COEFFICI. du frotte. à la bande F	PRODUITS du frotte. à la bande p. la ra. q. du diamè. $F\sqrt{D}$	OBSERVATION
	kil.	kil.	kil.				
	1400	50	44,60	0,0305	0,0262		
Pas et trot.	1400	38	46,40	0,0339	0,0296		
	1200	40	32,80	0,0282	0,0239		
	1200	30	37,20	0,0319	0,0276		
	1000	36	30,00	0,0311	0,0268		
	1000	26	32,00	0,0331	0,0288		
	800	30	25,20	0,0328	0,0285		
	800	22	26,80	0,0348	0,0305		
	600	24	20,60	0,0364	0,0318		
	600	20	23,40	0,0408	0,0365		Ces six premières séries ne doivent être considérées que comme des essais dans lesquels nous n'avons pas rempli les conditions d'exactitude que nous avons reconnues indispensables, dans ce genre d'expériences.
	1000	31,60	31,60	0,0327	0,0284	0,0383	
	600	36	33,60	0,0576	0,0466		
	600	24	26,40	0,0457	0,0347		
	1200	70	65,20	0,0552	0,0441		
idem	1200	48	52,80	0,0448	0,0338		
	1600	90	83,60	0,0529	0,0419		
	1600	66	72,40	0,0459	0,0349		
	1133, 33	55, 67	55,67	0,0500	0,0390	0,0340	
	600	20	17,60	0,0313	0,0267		
	600	16	18,40	0,0327	0,0281		
	1600	56	49,60	0,0317	0,0271		
	1600	46	52,40	0,0335	0,0289		
	1800	62	54,80	0,0311	0,0265		
idem	1800	50	57,20	0,0324	0,0278		
	1965	73	65,44	0,0338	0,0292		
	1965	52	59,86	0,0344	0,0265		Cette série et les 8, 9, 10, 11 ayant été faites avec les circonstances les plus favorables à l'exactitude des expériences présentent beaucoup de régularité dans leurs résultats.
	1491, 25	46, 87	46,87	0,0322	0,0276	0,0372	

DATES.	Nos D'ORDRE.	SOL. NATURE DU SOL.	SOL. PENTE DU SOL. r	VOITURES. POIDS DE LA VOITURE VIDE.	POIDS DES ROUES.	LARGEUR DES JANTES.	DIAMÈTRE DES ROUES. D	DIAMÈTRE DE L'ESSIEU. d	FROTTEMENT A L'ESSIEU. $f'=f\frac{d}{D}=0,15\frac{d}{D}$
				kil.	kil.	mètres.	mètres.	mètres.	
25 9bre	(8)	Empierrement très bon.	0,004	770	420	0,115	1,88 $\sqrt{D}$ 1,371	0,08	0,0051 f' p 2,14
26 9bre	(9)	idem	0,004	1200	580	0,14	1,96 $\sqrt{D}$ 1,40	0,10	0,0061 f' p 3,54

EXPERIENCES.			RÉSULTAT DES EXPERIENCES.				OBSERVATION.
VITESSE	PRESSION SUR LA ROUTE. P	TENSION DE LA ROMAINE. T	TENSION réduite d'après la pente. $T \pm Pl$	SOMME des coeffi. des frott. $F + f'$	COEFFICI. du frotte. à la band. F	PRODUITS du frotte. à la bande p. la ra.q. du diam. $F\sqrt{D}$	
	kil.	kil.	kil.				
	970	30	26,12	0,0291	0,0240		
	970	24	27,88	0,0309	0,0258		
	1170	42	37,32	0,0337	0,0286		
	1170	28	32,68	0,0298	0,0247		
	1370	46	40,52	0,0311	0,0260		
Pas. et trot.	1370	34	39,48	0,0304	0,0253		
	1570	54	47,72	0,0347	0,0266		
	1570	36	42,28	0,0283	0,0232		
	1770	64	56,92	0,0334	0,0283		
	1770	42	49,08	0,0289	0,0238		
	1970	70	62,02	0,0326	0,0275		
	1970	46	53,98	0,0285	0,0234		
	1470	43	43,00	0,0307	0,0256	0,0351	
	1400	50	44,60	0,0344	0,0283		Vieilles roues, ayant un fort ballottement à l'essieu.
	1400	40	45,40	0,0350	0,0289		
	1600	60	53,60	0,0357	0,0296		
	1600	46	52,40	0,0350	0,0289		
	1800	66	58,80	0,0346	0,0285		
	1800	50	57,20	0,0337	0,0276		
	2000	72	64,00	0,0338	0,0277		
Pas. et trot.	2000	54	62,00	0,0328	0,0267		
	2200	82	73,20	0,0349	0,0288		
	2200	66	74,80	0,0356	0,0295		
	2400	90	80,40	0,0350	0,0289		
	2400	66	75,60	0,0330	0,0269		
	2600	96	85,60	0,0343	0,0282		
	2600	70	80,40	0,0323	0,0262		
	2000, 00	64, 86	64,86	0,0342	0,0281	0,0393	

DATES.	Nos D'ORDRE.	SOL.		VOITURES.					
		NATURE DU SOL.	PENTE DU SOL. i	POIDS DE LA VOITURE VIDE.	POIDS DES ROUES.	LARGEUR DES JANTES.	DIAMÈTRE DES ROUES. D	DIAMÈTRE DE L'ESSIEU.	FROTTEMENT A L'ESSIEU. $f' = f\frac{d}{D} = 0,11\frac{d}{D}$
				kil.	kil.	mètres.	mètres	mètres.	
26 9bre	(10)	Empierrement tr. bon.	0,004	1240	620	0,17	1,96 $\sqrt{D}$ 1,40	0,10	0,0061 f' p 3,78
26 9bre	(11)	Berne sablonneuse de la route.	0,004	1240	620	0,17	1,96 $\sqrt{D}$ 1,40	0,10	0,0061 f' p 3,78

EXPERIENCES.			RESULTAT DES EXPERIENCES.				OBSERVATION
VITESSE.	PRESSION SUR LES ROUES. P	TENSION DE LA ROMAINE. F	TENSION réduite d'après la pente. $T \pm PI$	SOMME des coeffi- des frott. $F + f'$	COEFFICI. du frotte. à la bande F	PRODUITS du frotte. à la bande p. la ra. q. du diamé. $F\sqrt{D}$	
	kit	kil.	kil.				
	1400	43	37,40	0,0294	0 0233		
	1400	30	35,60	0,0281	0,0220		
	1600	54	47,60	0,0321	0,0260		
	1600	36	42,40	0,0289	0,0228		
	1800	58	50,80	0,0303	0,0242		
	1800	42	49,20	0,0294	0,0233		
	2000	60	52,00	0,0279	0,0218		
pas	2000	46	54,00	0,0289	0,0228		
	2200	66	57,20	0,0277	0,0216		
	2200	48	56,80	0,0275	0,0214		
	2400	74	74,40	0.0326	0,0265		
	2400	52	61,60	0,0272	0,0211		
	2600	80	69,60	0.0282	0,0221		
	2600	56	66,40	0,0270	0,0209		
	2000	53,21	53,21	0,0285	0,0224	0,0314	
	1400	52	46,40	0,0358	0,0297		
	1400	40	45,60	0,0352	0,0291		
	1800	66	58,80	0,0348	0,0287		
	1800	50	57 20	0,0339	0,0278		
	2200	76	67,20	0,0323	0,0262		
pas	2200	60	68,80	0,0330	0,0269		
	2600	96	85.60	0,0348	0,0282		
	2600	76	86,40	0,0347	0,0286		
	2000	64,50	64,50	0,0341	0,0280	0,0392	

DATES.	N^{os} D'ORDRE.	SOL. NATURE DU SOL.	SOL. PENTE DU SOL. I	VOITURE. POIDS DE LA VOITURE VIDE.	POIDS DES ROUES.	LARGEUR DES JANTES.	DIAMÈTRE DES ROUES. D	DIAMÈTRE DE L'ESSIEU. d	FROTTEMENT A L'ESSIEU. $f' = f\frac{d}{D} = 0,12\frac{d}{D}$
				kil.	kil.	mètres.	mètres.	mètres.	
28 9bre	(12)	Empierrement très-bon	0,004	188	66	0,05	0,91 $\sqrt{D}$ 0,954	0,06	0,0079 f' p 0,52
id.		id.	0,004	204	82	0,053	1,35 $\sqrt{D}$ 1,162	0,06	0,0053 f' p 0,43
29 9bre	(13)	Empierrement bon, mais humide, il avait plu la nuit.	0,004	188	66	0,05	0,91 $\sqrt{D}$ 0,954	0,06	0,0079 f' p 0,52
	(14)								

EXPERIENCES.			RÉSULTAT DES EXPERIENCES.				
VITESSE	PRESSION SUR LA ROUTE P	TENSION DE LA ROMAINE T	TENSION réduite d'après la pente. $T \pm Pl$	SOMME des coeffi. des frott $F+f$	COEFFICI. du frotte. à la bande F	PRODUITS du frotte. à la bande p. la ra. q. du diamè. $F\sqrt{D}$	OBSERVATION
	kil.	kil.	kil.				
Pas et trot.	200	12	11,20	0,0586	0,0507		La pression, et par conséquent la tension dans cette série et les deux suivantes, étaient trop faibles pour qu'il fût possible de maintenir l'uniformité dans le tirage.
	200	10	10,80	0,0566	0,0487		
	300	13	11,80	0,0411	0,0332		
	300	11	12,20	0,0424	0,0345		
	400	18	16,40	0,0423	0,0344		
	400	16	17,60	0,0453	0,0374		
	500	21	19,00	0,0390	0,0311		
	500	16	18,00	0,0370	0,0291		
	600	26	23,60	0,0402	0,0323		
	600	22	24,40	0,0415	0,0336		
	400	16, 50	16,50	0,0425	0,0373	0,0356	
idem	200	11	10,20	0,0531	0,0478		
	200	9	9,80	0,0541	0,0458		
	300	14	12,80	0,0441	0,0388		
	300	10	11,20	0,0388	0,0335		
	400	15	13,40	0,0346	0,0291		
	400	12	13,60	0,0351	0,0298		
	500	16	14,00	0,0289	0,0236		
	500	13	15,00	0,0309	0,0256		
	600	20	17,60	0,0300	0,0247		
	600	14	16,40	0,0280	0,0227		
	400	13, 40	13,40	0,0346	0,0293	0,0340	
idem	200	11	10,20	0,0536	0,0457		
	200	10	10,80	0,0566	0,0487		
	300	15	13,80	0,0477	0,0398		
	300	13	14,20	0,0491	0,0412		
	400	21	19,40	0,0498	0,0419		
	400	17	18,60	0,0478	0,0399		
	500	23	21,00	0,0430	0,0351		
	500	19	21,00	0,0430	0,0351		
	600	28	25,60	0,0435	0,0356		
	600	21	23,40	0,0398	0,0319		
	400	17, 80	17,80	0,0458	0,0379	0,0362	

DATES.	N^{os} D'ORDRE.	SOL. NATURE DU SOL.	SOL. PENTE DU SOL. I	VOITURE. POIDS DE LA VOITURE VIDE.	VOITURE. POIDS DES ROUES. p	VOITURE. LARGEUR DES JANTES.	VOITURE. DIAMÈTRE DES ROUES. D	VOITURE. DIAMÈTRE DE L'ESSIEU. d	FROTT. A L'ESSI… $f' = f\frac{d}{D}=$
				kil.	kil.	mètres.	mètres.	mètres.	
29 9bre	(45)	Empierrement bon, mais humide ; il avait plu la nuit.	0,004	370	105	0,05	1,48 $\sqrt{D}$ 1,216	0,043	0,0035 f' p 0,k 37
id.	(47)	idem	0,004	330	135	0,05	1,50 0,86	0,04	0,0044 f' p 0k,55
1er x^{bre}	(47)	Empierrement bon, mais très-humid.	0,004	2280	400 120	0,13	1,50 0,95	0,07	0,0069 f' p 3,59

EXPÉRIENCES.			RESULTAT DES EXPERIENCES.				
VITESSE.	PRESSION SUR LA ROUTE. P	TENSION DE LA ROMAINE T	TENSION réduite d'après la pente. T+PI	SOMME des coeffi des frott. F+f'	COEFFICI. du frotte. à la band. F	PRODUITS du frotte. à la bande p. la ra. q. du diam. $F\sqrt{D}$	OBSERVAT.
	kil.	kil.	kil.				
Pas et trot.	400	19	17,40	0,0444	0,0409		Expériences faites avec un cabriolet suspendu. Même observation sur la pression et le tirage.
	400	13	14,60	0,0374	0,0339		
	500	22	20,00	0,0407	0,0372		
	500	15	17,00	0,0347	0,0312		
	600	25	22,60	0,0383	0,0348		
	600	17	19,40	0,0329	0,0294		
	700	29	26,20	0,0379	0,0344		
	700	20	22,80	0,0331	0,0296		
	800	33	29,80	0,0377	0,0342		
	800	22	25,20	0,0320	0,0285		
	600	21,50	21,50	0,0364	0,0329	0,0400	
Pas et trot.	400	18	16,40	0,0424	0,0383		Expériences faites avec un char-à-bancs à 4 roues suspendu. Même observation sur la pression et le tirage.
	400	13	14,60	0,0379	0,0338		
	500	22	20,00	0,0411	0,0370		
	500	15	17,00	0,0351	0,0310		
	600	25	22,60	0,0386	0,0345		
	600	19	21,40	0,0366	0,0325		
	700	28	25,20	0,0368	0,0327		
	700	18	20,80	0,0305	0,0264		
	80	32	28,80	0,0367	0,0326		
	80	23	26,20	0,0334	0,0293		
	600	21,30	21,30	0,0364	0,0323		
Pas et trot.	2300	75	65,80	0,0301	0,0232		Expériences faites avec une messagerie de la Comp. Laffitte et Caillard
	2300	48	57,20	0,0264	0,0195		
	2700	90	79.20	0,0307	0,0238		
	2700	54	64,80	0,0253	0,0184		
	3100	100	87,60	0,0294	0,0225		
	3100	69	81,40	0,0274	0,0205		
	3500	118	104,00	0,0307	0,0238		
	3500	69	83,00	0,0247	0,0178		
	3900	126	110,40	0,0292	0,0233		
	3900	106	121,60	0,0321	0,0252		
	3100	85,50	85,50	0,0287	0,0218		

DATES.	Nos D'ORDRE.	SOL.		VOITURES,						
		NATURE DU SOL.	PENTE DU SOL I	POIDS DE LA VOITURE VIDE.	POIDS DES ROUES.	LARGEUR DES JANTES.	DIAMÈTRE DES ROUES. D	DIAMÈTRE DE L'ESSIEU. d.	$f' = f'' \frac{d}{D} = 0,12 \frac{d}{D}$	FROTTEMENT A L'ESSIEU.
				kil	kil.	mètres	mètres.	mètres.		
13 xbre	(18)	Empierrement bon, un peu humid.	0,004	420	250	0,075	1,82 $\sqrt{D}$ 1,349	0,065	0,0043	f' p 4k,07
	(19)	idem.	0,004	1200	580	0,14	1,96 $\sqrt{D}$ 1,40	0,10	0,0061	f' p 3k,54
	(20)	idem.	0,004	1550	930	0,17	1,96 $\sqrt{D}$ 1,40	0,10	0,0061	f' p 5k,67

EXPERIENCES.			RÉSULTAT DES EXPERIENCES.				
VITESSE.	PRESSION SUR LA ROUTE. P	TENSION DE LA ROMAINE. T	TENSION réduite d'après la pente. T ± PI	SOMME des coeffi. des frott. F+f'	COEFFICI. du frotte. à la band. F	PRODUITS du frotte. à la baude p. la ra.q. du diam. F $\sqrt{D}$	OBSERVATION.
	kil.	kil.	kil.				
	600	24	21,60	0,0378	0,0335		
	600	18	20,40	0,0358	0,0315		
	800	28	24,80	0 0323	0,0280		
	800	20	23,20	0,0303	0,0260		
	1000	34	30,00	0,0311	0.0268		
Pas, et trot.	1000	26	30,00	0,0311	0,0268		
	1300	42	36,80	0,0291	0,0248		
	1300	33	38,20	0,0302	0,0259		
	1500	51	45,00	0.0307	0,0264		
	1500	39	45,00	0,0307	0,0264		
	1700	56	49,20	0,0296	0,0253		
	1700	42	48,80	0,0293	0,0250		
	1450	34,42	34,42	0,0317	0,0274	0,0370	
	1300	48	42,80	0,0356	0,0295		
	1300	44	49,20	0,0406	0,0345		
	1500	56	50,60	0,0357	0,0296		
	1500	48	54,00	0,0384	0,0323		Vieilles roues, ayant un fort balotement à l'essieu.
	1700	66	59,20	0,0369	0,0308		
Pas. et trot.	1700	52	58,80	0,0367	0,0306		
	2000	76	68.00	0.0358	0,0297		
	2000	64	72,00	0,0378	0,0317		
	2400	92	82,40	0,0358	0,0297		
	2400	68	77,60	0,0338	0,0277		
	1780	61,40	61,40	0,0368	0,0307	0,0430	
	1700	56	49,20	0,0323	0,0262		
	1700	44	50,80	0,0332	0,0271		
	2000	66	58,00	0,0318	0,0257		
id.	2000	46	54,00	0,0298	0,0237		
	2400	82	72.40	0,0325	0,0264		Roues neuves, et parfaitement rectiligues.
	2400	58	67,60	0,0305	0,0244		
	3000	104	92,00	0,0326	0,0265		
	3000	76	88,00	0,0342	0,0251		
	2275	66, 50	66,50	0,0317	0,0256	0,0358	

DATES.	Nos D'ORDRE.	SOL.		VOITURES.					
		NATURE DU SOL	PENTE DU SOL. i	POIDS DE LA VOITURE VIDE.	POIDS DES ROUES.	LARGEUR DES JANTES.	DIAMÈTRE DES ROUES. D	DIAMÈTRE DE L'ESSIEU.	FROTTEMENT A L'ESSIEU. $f'' = \frac{f'p\,d}{D}$
				kil.	kil.	mètres.	mètres.	mètres.	
13 xbre	(10)	Empierrement bon, un peu humid.	0,004	1240	620	0,17	$\sqrt{D}$ 1,96 / 1,40	0,10	0,0061 f' p 3,78
	(22)	Emp. bon; Route de Tours.	0,028	330	150	0,07	$\sqrt{D}$ 1,90 / 1,378	0,06	0,00379 f' p 0,57
26 9bre	(11)	Berne sablonneuse Route de Tours.	0,015	330	150	0,07	$\sqrt{D}$ 1,90 / 1,378	0,06	0,0079 f' p 0,57

EXPÉRIENCES.			RESULTAT DES EXPERIENCES.				
VITESSE.	PRESSION SUR LA ROUTE. P	TENSION DE LA ROMAINE. T	TENSION réduite d'après la pente, $T \pm PI$	SOMME des coeffi des frott. $F+f$	COEFFICI. du frotte. à la band. F	PRODUITS du frotte. à la bande p. la ra. q. du diam. $F\sqrt{D}$	OBSERVAT.
	kil.	kil.	kil.				
	1500	50	44,00	0,0318	0,0257		
	1500	38	44,00	0,0318	0,0257		
Pas	1700	54	47,20	0,0300	0,0239		
et	1700	42	48,80	0,0309	0,0248		
trot.	2000	68	60,00	0,0319	0,0258		Roues vieilles et arrondies.
	2000	50	58,00	0,0309	0,0248		
	2400	86	76,40	0,0334	0,0273		
	2400	66	75,60	0,0331	0,0270		
	3000	106	94.00	0.0326	0,0265		
	3000	76	88,00	0,0306	0,0245		
	2120	63,60	63,60	0,0318	0,0257	0,0360	
	1400	70	30,80	0,0224	0,0186		
	1200	60	26.40	0,0225	0,0187		
Pas	1000	54	26,00	0,0266	0,0228		Les expériences ne sont faites qu'en montant; en descendant, la voiture allait seule.
et	800	40	17,60	0,0227	0.0189		
trot.	600	30	13,20	0,0230	0.0192		
	400	22	10.80	0,0284	0,0246		
	900	46	20,80	0,0237	0,0199	0,0274	
	1400	76	57,80	0,0417	0,0379		
	1400	44	62,20	0,0448	0.0410		
	1200	64	48.40	0,0408	0,0370		
	1200	36	51,60	0,0435	0,0397		La pente du terrain, dans cette série et les suivantes, altère les résultats comme nous l'avons expliqué à la page 15.
	1000	56	43.00	0,0436	0,0398		
Pas	1000	30	43,00	0,0436	0,0398		
et	800	46	35,60	0,0452	0,0414		
trot.	800	26	36.40	0,0462	0,0424		
	600	36	28,20	0,0480	0,0442		
	600	23	30,80	0.0523	0,0485		
	400	28	22.80	0,0584	0,0546		
	400	18	23,20	0,0594	0,0556		
	900	40,25	40,25	0,0454	0,0416	0,0573	

DATES.	Nos D'ORDRE.	SOL.		VOITURES,						
		NATURE DU SOL.	PENTE DU SOL. i	POIDS DE LA VOITURE VIDE.	POIDS DES ROUES.	LARGEUR DES JANTES	DIAMÈTRES DES ROUES. D	DIAMÈTRE DE L'ESSIEU. d.	$f' = f\frac{d}{D} = 0{,}11\frac{d}{D}$	FROTTEMENT A L'ESSIEU.
				kil	kil.	mètres	mètres.	mètres.		
26 xbre		Empierrement très-bon, Rue Champ-Garrau.	0,014	330	150	0,07	1,90 $\sqrt{D}$ 1,378	0,06	0,00379	f' p 0k,57
24 9bre	(26)	Pavage assez boueux	0,015	420	250	0,075	1,82 $\sqrt{D}$ 1,349	0,065	0,0043	f' p 1k,07
	(1)r									

EXPERIENCES.			RÉSULTAT DES EXPERIENCES.				
VITESSE	PRESSION SUR LA ROUTE P	TENSION DE LA ROMAINE T	TENSION réduite d'après la pente. T±PI	SOMME des coeffi. des frott. F+f'	COEFFICI. du frotte. à la bande F	PRODUITS du frotte. à la bande p. la ra. q. du diamè. $F\sqrt{D}$	OBSERVATION
	kil.	kil.	kil.				
Pas et trot.	1400	18	28,40	0,0207	0,0169		
	1400	14	33,60	0,0244	0,0206		
	1300	43	24,80	0,0195	0,0157		
	1300	13	31,20	0,0244	0,0206		
	1200	40	23,20	0,0198	0,0160		
	1200	13	29,80	0,0253	0,0215		
	1100	38	22,60	0,0211	0,0173		
	1100	11	26,40	0,0245	0,0207		
	1000	35	21,00	0,0216	0,0178		
	1000	8	22,00	0,0226	0,0188		
	900	33	20,40	0,0233	0,0195		
	900	7	19,60	0,0224	0,0186		
	800	28	16,80	0,0217	0,0179		
	800	6	17,20	0,0222	0,0184		
	700	25	15,20	0,0225	0,0187		
	700	6	15,80	0,0234	0,0196		
	600	21	12,60	0,0220	0,0182		
	600	5	13,40	0,0233	0,0195		
	500	18	11,00	0,0231	0,0193		
	500	5	12,00	0,0251	0,0213		
	400	15	9,40	0,0249	0,0211		
	400	4	9,60	0,0254	0,0216		
	900	19,82	19,82	0,0226	0,0188	0,0259	
Pas.	1400	56	35	0.0258	0,0215		Cette série d'expériences est très inexacte, on ne s'était pas encore rendu compte de l'influence considérable de la vitesse sur le tirage, et on n'avait pas porté assez d'attention à la maintenir uniforme. Le passage, dans cette série et les trois suivantes, était d'ailleurs d'un tirage inégal.
	1400	22	43	0,0315	0,0272		
	1200	40	22	0,0192	0,0149		
	1200	20	38	0,0326	0,0283		
	1000	36	21	0,0224	0,0178		
	1000	18	33	0,0341	0,0298		
	800	28	16	0,0213	0,0170		
	800	16	28	0,0363	0,0320		
	600	26	17	0,0304	0,0258		
	600	12	21	0,0368	0,0325		
	1000	27,40	27,40	0,0285	0,0242	0,0326	

DATES.	N^os D'ORDRE.	SOL. NATURE DU SOL.	PENTE DU SOL. I	VOITURE. POIDS DE LA VOITURE VIDE.	POIDS DES ROUES.	LARGEUR DES JANTES.	DIAMÈTRE DES ROUES. D	DIAMÈTRE DE L'ESSIEU. d	FROTTEMENT À L'ESSIEU. $f'=f''\frac{d}{D}=0,1[illegible]\frac{d}{D}$
				kil.	kil.	mètres.	mètres	mètres.	
24 9bre		Pavage assez boueux	0,015	260	90	0,0065	0,76 $\sqrt{D}$ 0,872	0,07	0,011 f' p 0,99
	(2)*								
id.		id.	0,015	420	250	0,075	1,82 $\sqrt{D}$ 1,349	0,065	0,0045 f' p 1,07
	(3)*								
idem		idem.	0,015	260	90	0,065	0,76 $\sqrt{D}$ 0,872	0,07	0,011 f' p 0,99
	(4)*								
26 9bre		Pavage bon et sec.	0,00	1200	620	0,17	1,96 $\sqrt{D}$ 1,40	0,10	0,0061 f' p 8k,78
	(5)*								

EXPERIENCES.			RÉSULTAT DES EXPERIENCES.				OBSERVATION.
VITESSE.	PRESSION SUR LA ROUTE. P	TENSION DE LA ROMAINE T	TENSION réduite d'après la pente. T ± PI	SOMME des coeffi. des frott. F + f	COEFFICI. du frotte. à la band. F	PRODUITS du frotte. à la bande p. la ra. q. du diam. $F\sqrt{D}$	
	kil	kil.	kil.				
Pas.	1200	70	52	0,0442	0,0332		
	1200	36	54	0,0458	0,0348		
	1000	56	41	0,0420	0,0310		
	1000	32	47	0,0480	0,0370		
	800	46	34	0,0437	0.0327		
	800	24	36	0,0462	0,0352		
	600	36	27	0,0466	0,0356		
	600	22	31	0,0533	0,0423		
	900	40,25	40,25	0,0458	0,0348	0,0303	
Trot	1400	70	49	0,0358	0,0315		On a donné, à la page 85, les causes des inexactitudes des expériences faites au trot.
	1400	46	67	0,0486	0,0443		
	1200	46	28	0,0242	0,0499		
	1200	36	54	0,0459	0,0416		
	1000	44	29	0,0301	0,0258		
	1000	32	47	0,0481	0,0438		
	800	36	24	0,0313	0,0270		
	800	30	42	0,0538	0,0495		
	600	32	23	0,0401	0,0358		
	600	26	35	0,0601	0,0558		
	1000	39,80	39,80	0,0409	0,0366	0,0494	
Trot	600	46	37	0,0633	0,0523		
	600	26	35	0,0600	0,0490		
	600	36	36	0,0616	0,0506	0,0441	
Pas.	2600	46	46	0,0191	0,0130		La bande était arrondie.
	2200	34	34	0,0172	0,0111		
	1800	26	26	0,0165	0,0104		
	1400	24	24	0,0198	0,0137		
	2000	32,50	32,50	0,0181	0,0120	0,0168	

DATES.	Nos D'ORDRE.	SOL. NATURE DU SOL.	SOL. PENTE DU SOL. I	VOITURES. POIDS DE LA VOITURE VIDE.	POIDS DES ROUES.	LARGEUR DES JANTES.	DIAMÈTRE DES ROUES. D	DIAMÈTRE DE L'ESSIEU.	FROTTEMENT A L'ESSIEU. [illegible]
				kil.	kil.	mètres.	mètres.	mètres.	
26 9bre	(6)e	Pavage bon et sec.	0,00	1200	580	0,14	1.96 $\sqrt{D}$ 1,40	0,10	0,0061 f' p 3,54
28 9bre	(7)e	Pavage bon et sec, rue de Tascher.	0,0125	204	82	0,053	1,35 $\sqrt{D}$ 1,162	0,06	0,0053 f' p 0,43
id.	(8)e	idem.	0,0125	188	66	0,05	0,91 $\sqrt{D}$ 0,954	0,06	0,0079 f' p 0,52

EXPÉRIENCES.			RESULTAT DES EXPERIENCES.				
VITESSE.	PRESSION SUR LA ROUTE P	TENSION DE LA ROMAINE T	TENSION réduite d'après la pente. $T \pm PI$	SOMME des coeffi des frott. $F + f'$	COEFFICI. du frotte. à la band. F	PRODUITS du frotte. à la bande p. la ra. q. du diam. $F\sqrt{D}$	OBSERVAT.
	kil.	kil.	kil.				
Pas.	2600	48	48	0,0198	0,0137		
	2200	38	38	0,0189	0,0128		
	1800	34	34	0,0209	0,0148		
	1400	28	28	0,0225	0,0164		
	2000	37	37	0,0203	0,0142	0,0199	
Pas.	600	8	15,50	0,0265	0,0212		
	600	21	13,50	0,0232	0,0179		
	500	7	13,25	0,0274	0,0221		
	500	17	10,75	0,0224	0,0171		
	400	5	10,00	0,0261	0,0208		
	400	15	10,00	0,0261	0,0208		
	300	4,50	8,25	0,0289	0,0236		
	300	13	9,25	0,0322	0,0269		
	200	4	6,50	0,0346	0,0293		
	200	9	6,50	0,0346	0,0293		Il est difficile de maintenir le tirage uniforme lorsqu'il est aussi faible.
	400	10,35	10,35	0,0269	0,0216	0,0251	
Pas.	600	15	20,50	0,0350	0,0271		
	600	24	16,50	0,0284	0,0205		
	500	11	17.25	0,0355	0,0276		
	500	22	15,75	0,0325	0,0246		
	400	8	13.00	0,0338	0,0259		
	400	16	11,00	0,0288	0,0209		idem.
	300	7	10,75	0,0376	0,0297		
	300	13	9,25	0,0326	0,0247		
	200	5	7,50	0,0401	0,0322		
	200	11	8,50	0,0451	0,0372		
	400	13,00	13,00	0,0338	0,0259	0,0247	

DATES.	N^os D'ORDRE.	SOL. NATURE DU SOL.	SOL. PENTE DU SOL. I	VOITURE. POIDS DE LA VOITURE VIDE.	VOITURE. POIDS DES ROUES. P	VOITURE. LARGEUR DES JANTES.	VOITURE. DIAMÈTRE DES ROUES.	VOITURE. DIAMÈTRE DE L'ESSIEU. d	VOITURE. FROTT. A L'ESSI[EU] $f'' = \frac{f'd}{D}$ = 0,1...
				kil.	kil.	mètres.	mètres.	mètres.	
28 9bre	(9)	Pavage bon mais humide	0,00	370	405	0,05	1,48 $\sqrt{D}$ 1,216	0,043	0,0035 f' p 0,37
id.	(10)	id.	0,00	370	405	0,05	1,48 $\sqrt{D}$ 1,216	0,043	0,0035 f' p 0,137
id.	(11)	id.	0,00	330	135	0,05	1,50 $\sqrt{D}$ 1,86	0,043	0,0041 f' p 0,55
id.	(12)	id.	0,00	330	135	0,05	1,50 $\sqrt{D}$ 1,86	0,043	0,0041 f' p 0,55
id.	(13)	id.	0,00	330	135	0,05	1,50 $\sqrt{D}$ 1,86	0,043	0,0041 f' p 0,55
id.	(14)	id.	0,00	330	135	0,05	1,50 $\sqrt{D}$ 1,86	0,043	0,0042 f' p 0,55

EXPERIENCES.			RESULTAT DES EXPERIENCES.				
VITESSE.	PRESSION SUR LES ROUES. P	TENSION DE LA ROMAINE.	TENSION réduite d'après la pente. $T \pm PI$	SOMME des coeffi des frott. $F + f'$	COEFFICI. du frotte. à la bande F	PRODUITS du frotte. à la bande p. la ra. q. du diamè. $F\sqrt{D}$	OBSERVATION.
	400 kil	10 kil.	10 kil	0,0259	0,0224		
	500	13	13	0,0267	0,0232		
	600	14	14	0,0240	0,0205		
Pas	700	15	15	0,0220	0,0185		
	550	13	13	0,0243	0,0208	0,0253	La voiture qui a été employée dans ces deux séries était un cabriolet suspendu.
	400	17	17	0,0434	0,0399		
	500	18	18	0,0367	0,0332		
	600	19	19	0,0323	0,0288		
Trot	700	19	19	0,0277	0,024 2		
	550	18,25	18,25	0,0339	0,0304	0,0370	
	400	13	13	0.0339	0,0298		
	500	15	15	0,0311	0,0270		
	600	17	17	0,0292	0,0251		
Pas	700	20	20	0,0293	0,0252		La voiture qui a été employée dans ces deux expériences était un char à bancs. Les bancs étaient seuls suspendus. Dans les séries 11, 12, les poids additionnels sont placés sur les bancs, et par conséquent suspendus.
	800	23	23	0,0294	0,0253		
	600	17,60	17,60	0,0303	0,0262		
	400	20	20	0,0514	0,0473		
Trot	500	20	20	0,0411	0,0370		
	600	21	21	0,0359	0,0318		
	700	26	26	0,0379	0,0338		
	800	23	23	0,0294	0,0253		
	600	22	22	0,0376	0,0335		
	400	14	14	0,0364	0,0323		
	500	16	16	0,0331	0,0290		
Pas	600	17	17	0,0292	0,0251		
	700	20	20	0,0294	0,0253		
	800	24	24	0,0307	0,0266		Dans les expériences 13 et 14, les poids sont placés dans la caisse et non suspendus.
	600	18,20	18,20	0,0313	0,0272		
	400	23	23	0,0589	0,0548		
	500	30	30	0,0641	0,0570		
	600	30	30	0,0509	0,0468		
Trot	700	32	32	0,0465	0,0424		
	800	32	32	0,0407	0,0366		
	600	29,40	29,40	0,0499	0.0458		

DATES.	Nos D'ORDRE.	SOL. NATURE DU SOL.	SOL. PENTE DU SOL. I	VOITURE. POIDS DE LA VOITURE VIDE.	VOITURE. POIDS DES ROUES.	VOITURE. LARGEUR DES JANTES.	VOITURE. DIAMÈTRE DES ROUES. D	VOITURE. DIAMÈTRE DE L'ESSIEU. d	VOITURE. FROTTEMENT A L'ESSIEU. $f'=f\frac{d}{D}=0{,}13\frac{d}{D}$
				kil.	kil.	mètres.	mètres	mètres.	
1er xbre	(45)p	Pavage bon mais très-humide	0,00	2280	400 120	0,13	150 0,95	0,07	0,0069 f' p 3,59
id.	(46)p	id.	0,00	2280	400 120	0,13	0,50 0,95	0,07	0,0069 f' p 3,59
idem	(47)p	Pavage bon mais un peu humide	0,00	420	250	0,075	1,82 $\sqrt{D}$ 1,349	0,065	0,0043 f' p 1,07
idem	(48)p	id.	0,00	1550	930	0,17	1,96 $\sqrt{D}$ 1,40	0,10	0,0061 f' p 5,67
26 9bre	(49)p	idem.	0,00	1240	620	0,17 Rondes	1,96 $\sqrt{D}$ 1,40	0.10	0,0061 f' p 3,78

EXPERIENCES.			RÉSULTAT DES EXPERIENCES.				
VITESSE.	PRESSION SUR LA ROUTE. P	TENSION DE LA ROMAIDN. T	TENSION réduite d'après la pente. $T \pm PI$	SOMME des coeffi. des frott. $F + f'$	COEFFICI. du frotte. à la band. F	PRODUITS du frotte. à la bande p. la ra.q. du diam. $F\sqrt{D}$	OBSERVATION.
	kil	kil.	kil.				
	2300	39	39	0,0185	0,0116		Les expérien- de ces deux sé- ries 15 et 16 sont faites avec une mésagerie de la Cie. Lafitte et Caillard.
	2700	40	40	0,0161	0,0092		
	3100	45	45	0,0157	0,0088		
Pas.	3500	52	52	0,0158	0,0089		
	3900	60	60	0,0163	0,0094		
	3100	47,20	47,20	0,0164	0,0095		
	2300	50	50	0,0230	0,0161		
	2700	54	54	0,0213	0,0144		
	3100	60	60	0,0205	0,0136		
Trot	3500	69	69	0,0207	0,0138		
	3900	74	74	0,0199	0,0130		
	3100	64,40	64,40	0,0210	0,0141		
	600	14	14	0,0251	0,0208		
	800	19	19	0,0251	0,0208		
	1000	20	20	0,0211	0,0168		
Pas.	1300	22	22	0,0177	0,0134		
	1500	26	36	0,0181	0,0138		
	1700	30	30	0,0183	0,0140		
	1150	21,83	21,83	0,0199	0,0156	0, 0210	
	1700	26	26	0,0186	0,0125		
	2000	30	30	0,0178	0,011 7		
Pas.	2400	36	36	0,0174	0,0113		
	3000	46	46	0,0172	0,0111		
	2275	34,50	34,50	0,0177	0,0116	0,0162	
	1500	28	28	0,0212	0,0151		
	1700	32	32	0,0210	0,0149		
	2000	37	37	0,0204	0,0143		
Pas.	2400	42	42	0,0191	0,0130		
	3000	50	50	0,0179	0,0118		
	2120	37,80	37,80	0,0196	0,0135	0,0189	

DATES.	Nos D'ORDRE.	SOL. NATURE DU SOL.	PENTE DU SOL. $\frac{1}{}$	VOITURES. POIDS DE LA VOITURE VIDE.	POIDS DES ROUES.	LARGEUR DES JANTES.	DIAMÈTRE DES ROUES. D	DIAMÈTRE DE L'ESSIEU.	FROTTEMENT À L'ESSIEU. $f'=f\frac{d}{D}=0{,}12\frac{d}{D}$
				kil.	kil.	mètres.	mètres.	mètres.	
10 mai 1855.	(20)v	Pavage bon et sec.	0,00	500	260	0,11	1,89 $\sqrt{D}$ 1,38	0,07	0,0044 f' p 1,14
id.	(21)v	id.	0,00	570	240	0,075	1,85 $\sqrt{D}$ 1,36	0,062	0,0040 f' p 0,96
id.	(22)v	id.	0,00	830	460	0,14	1,90 $\sqrt{D}$ 1,38	0,085	0,0054 f' p 2,48

EXPERIENCES.			RÉSULTAT DES EXPERIENCES.				
VITESSE	PRESSION SUR LA ROUTE P	TENSION DE LA ROMAINE T	TENSION réduite d'après la pente. T±PI	SOMME des coeffi. des frott. F+f'	COEFFICI. du frotte. à la bande F	PRODUITS du frotte. à la bande p. la ra. q. du diamè. $F\sqrt{D}$	OBSERVATION
	kil.	kil.	kil.	kil.			
Pas.	600	10	10	0,0186	0,0142	0,0196	
	800	14	14	0,0189	0,0145	0,0200	
	1000	17	17	0,0181	0,0137	0,0189	
	1200	20	20	0,0176	0,0132	0,0182	
	1400	23	23	0,0172	0,0128	0,0177	
	1600	27	27	0,0178	0,0134	0,0185	
	1800	29	29	0,0167	0,0123	0,0170	
	1200	20	20	0,0176	0,0132	0,0182	
Pas.	700	15	15	0,0228	0,0188	0,0256	Les clous de la bande étaient un peu saillants.
	900	18	18	0,0211	0,0171	0,0233	
	1100	22	22	0,0212	0,0172	0,0294	
	1300	25	25	0,0200	0,0160	0,0218	
	1500	29	29	0,0200	0,0160	0,0218	
	1700	33	33	0,0200	0,0160	0,0218	
	1200	23,67	23,67	0,0205	0,0165	0,0224	
Pas.	1000	16	16	0,0185	0,0131	0,0181	
	1200	19	19	0,0179	0,0125	0,0172	
	1400	22	22	0,0175	0,0121	0,0167	
	1600	24	24	0,0166	0,0112	0,0155	
	1800	27	27	0,0164	0,0110	0,0152	
	2000	30	30	0,0162	0,0108	0,0149	
	2200	33	33	0,0161	0,0107	0,0148	
	2400	35	35	0,0156	0,0102	0,0141	
	1700	25,75	25,75	0,0166	0,0112	0,0154	

Au Mans, Imprimerie de Ch. RICHELET, rue de la Paille 7.

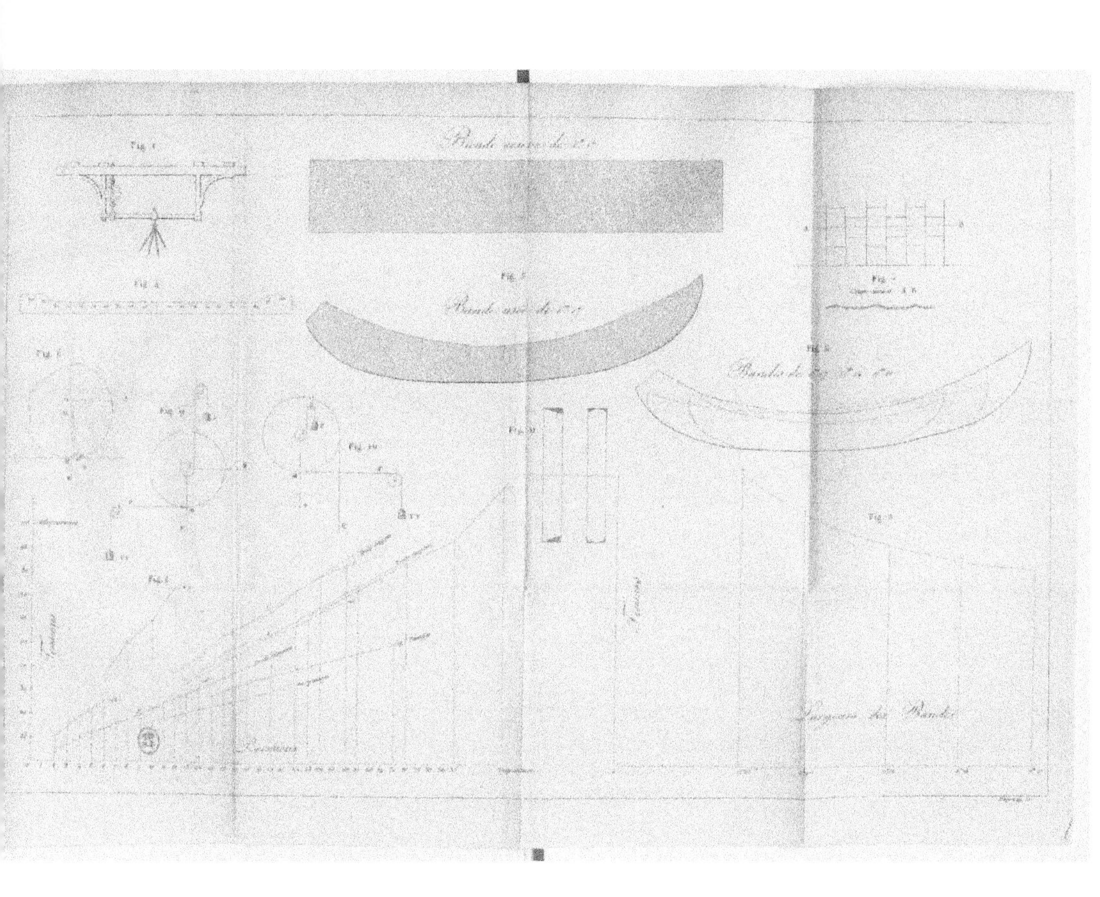

www.ingramcontent.com/pod-product-compliance
Ingram Content Group UK Ltd.
Pitfield, Milton Keynes, MK11 3LW, UK
UKHW022107260726
13993UKWH00001B/355

9 782329 220246